中国出版集团

中译出版社

图书在版编目（CIP）数据

国土空间优化与城市建筑研究 / 陈丽丽，孙岩柏，
刘田著. -- 北京：中译出版社，2024.2

ISBN 978-7-5001-7750-0

Ⅰ.①国… Ⅱ.①陈… ②孙… ③刘… Ⅲ.①国土规
划—研究②城市规划—建筑设计—研究 Ⅳ.①TU98

中国国家版本馆CIP数据核字（2024）第048589号

国土空间优化与城市建筑研究
GUOTU KONGJIAN YOUHUA YU CHENGSHI JIANZHU YANJIU

著　　者：　陈丽丽　孙岩柏　刘　田
策划编辑：　于　宇
责任编辑：　于　宇
文字编辑：　田玉肖
营销编辑：　马　萱　钟筏童
出版发行：　中译出版社
地　　址：　北京市西城区新街口外大街 28 号 102 号楼 4 层
电　　话：　（010）　68002494　（编辑部）
邮　　编：　100088
电子邮箱：　book@ctph.com.cn
网　　址：　http://www.ctph.com.cn
印　　刷：　北京四海锦诚印刷技术有限公司
经　　销：　新华书店
规　　格：　787 mm×1092 mm　1/16
印　　张：　13.5
字　　数：　265 千字
版　　次：　2024 年 2 月第 1 版
印　　次：　2024 年 2 月第 1 次印刷

ISBN 978-7-5001-7750-0　　　定价：68.00 元

前　言

　　城市的发展离不开国土空间规划的支持。在国土空间规划的背景下，除了保障各项国土资源的合理分配以外，也要进一步完善城市风貌规划策略，确保城市风貌规划的科学性。社会的发展与优化城市空间布局有着必然的联系，在进行整体规划时，要将建设美丽家园作为首要任务，将生态文明建设作为主要目标，通过城市风貌规划，改善城市生存环境，促进城市可持续发展。并且保护和利用好国土空间资源是人类共同的使命，因为国土空间是地球赋予人类的资源。国土空间规划是我国保护和利用国土空间资源的基本政策手段，从传统的城市规划和土地规划向国土空间规划转型，需要大量的技术创新。近几年，我国的规划行业现在正处在一个转型的新时期。在国土资源规划利用的方面，以优化技术和改革的方式来对之前传统发展中对大自然造成的伤害进行弥补。为了使我国的国土资源能够被合理利用和充分保护，推动我国乃至全人类的可持续发展，要建立我国的国土规划机制，提高国民保护和利用好国土空间资源的意识。

　　本书主要研究国土空间优化与城市建筑。本书首先从国土空间规划的理论介绍入手，针对国土空间规划与统筹优化、国土空间规划引领下的城市发展进行了分析研究；其次，对城市发展战略、城市空间结构及其类型、空间布局的原则与方法以及用地布局与城市综合交通系统建设提出了一些建议；再次对城市与建筑设计的关联与运作、立体城市的构想与绿色建筑设计做了深入探讨；最后对城市更新中的建筑遗产保护与利用提出了一些建议。本书对国土空间的布局优化、城市建筑升级与遗产保护有一定的借鉴意义。

　　在本书的写作过程中，得到了很多宝贵的建议，谨在此表示感谢。同时作者参阅了大量的相关著作和文献，在参考文献中未能一一列出，在此向其作者表示诚挚的感谢和敬意，同时也请对写作工作中的不周之处予以谅解。由于作者水平有限，编写时间仓促，书中难免会有疏漏不妥之处，恳请专家、同行不吝批评指正。

目　录

第一章　国土空间规划的理论支撑

第一节　国土空间规划概述

一、国土空间规划中的承载力分析

（一）承载力概念演化

1. 承载力

"承载力"，原是指容器所能容纳或吸收物体的数量。"承载力"概念可能来源于牧场管理者，因为他们要在实际工作中了解牧场所能承载的最大牲畜数量。19世纪末20世纪初承载力概念在管理驯养草食动物、研究野生草食性动物以及其他野生动物等方面得到应用，并被引入生物学、生态学教科书中，其含义是指在不损害环境质量的情况下，特定区域所能容纳的某种生物个体存活的最大数量，主要是从理论上研究生物种群数量增长极限和粮食制约下的人口总量问题。实际上，在承载力概念被引入生物学、生态学之前，就出现过有关种群数量增长和人口增长研究。

生态承载力更多关注资源消耗、环境变化和人类的经济社会活动对生态系统产生的影响，表征了生态系统在保持平衡状态下，所能承载的人口规模和经济社会发展规模。生态系统具有自我调节功能，人类活动对生态系统又具有强烈的正负能动反馈机制，因此生态承载力也更为复杂。

近些年来，承载力研究在理论和研究方法上没有根本性的突破，但出现了生态足迹、行星边界等一些新的概念，全球学者开始从不同的视角研究全球及区域的承载力问题，并考虑"公平与正义"、生活水准等对全球资源环境承载力与可持续发展的影响，开展了全球及西班牙、加拿大等国家和区域的案例研究，为高消费社会与"稳态经济"（Steady-state Economy）条件下保持地球系统的稳定性管理提供了参考。

总体上看，承载力研究在发展过程中，逐步由分类走向综合，由关注单一资源约束发展到人类对资源环境占用的综合评估。资源环境承载力是一种综合与集成评价，是从分类到综合的承载力概念统称，既关注单项资源或环境要素的限制性约束，又强调人类对区域资源利用与占用、生态退化与破坏、环境损益与污染的综合影响。

2. 资源环境承载力

资源环境承载力一般指在自然生态环境不受危害且维系良好生态系统前提下，一定地域的资源禀赋和环境容量所能承载的最大人口与经济规模。在 20 世纪 50 年代之前，以研究资源承载力为主，主要探讨一个国家或者区域内自然资源对人口（生物种群）生存和发展的支撑能力。20 世纪 60—70 年代，在考虑资源要素的同时，开始探讨环境系统对人类经济社会活动的制约作用，承载力的本质由绝对上限走向相对平衡。20 世纪 90 年代以后，承载力研究由分类走向综合与集成，一方面，继续关注限制性因素对人口增长和经济社会可持续发展的制约作用；另一方面，关注人类活动产生的资源消耗、环境排放、生态占用等对生态系统稳定性的影响。历经百余年的发展，承载力已经成为衡量区域人口、资源环境与经济社会可持续发展的重要判据，以及指导国土开发利用与保护整治，提升区域空间治理能力和治理体系现代化的科学基础与约束条件。在中国，资源环境承载力是备受政府及社会各界高度关注的科学命题和政治议题。将资源环境承载力作为编制实施国土空间规划的重要科学基础。

编制国土空间规划、实施国土空间治理，既是建设美丽中国，创造良好生产生活环境，维护全球生态安全的现实需要，也是建成现代化强国的基础和表征，要在尊重自然规律、经济规律、社会规律的前提下，统筹考虑区域的资源环境本底与发展需求，合理确定国土空间开发的规模、强度和时序等。资源环境承载力这一关乎区域资源环境与人口经济最大负荷的科学命题，也成为事关空间治理与空间规划科学性的重要基础。

在实践中，多数地方开展的承载力评价应用主要停留在战略引导层面，对优化资源配置、设定生态环境准入标准、调整国土空间开发结构以及实施国土空间管制等方面的国土空间管制与利用研究支撑力度不够。

（二）国内承载力的实践应用

20 世纪 80 年代中期以后，中国开展了三次具有代表性的土地承载力研究，全面评估了土地资源承载力的总量、类型及空间分布等，为国家制订土地、农业、人口等领域的战略规划与政策提供了科学依据。此后，基于土地粮食生产能力的人口承载力评价在土地利用规划、耕地保护、基本农田划定等重大决策中发挥了重要作用，影响至今。进入 21 世纪后，承载力评价开始应用于空间规划编制之中。

建立资源环境承载能力监测预警机制，推动资源环境承载力的综合评价与集成应用成为一项重要基础性工作。按照中央的要求，自然资源部积极推动资源环境承载能力和国土空间开发适宜性评价（简称"双评价"）的技术方法研究与评价规程研制，并在广东、江苏、重庆、宁夏等省级行政区和青岛、广州、苏州、涪陵区、固原市等市县级地区开展了试评价工作。

（三）承载力研究应用

1. 承载力概念内涵的科学性与规范性

（1）承载力概念的科学性

依据增长极限思想，一些学者根据不同的限制要素开展了全球可承载人口研究，计算结果从 10 亿到 100 亿不等。无法预测地球承载能力，因为气候变化、能源消费结构变化、科技发展等都可能是影响地球承载力的限制性因素。很多学者，特别是部分人类生态学家对承载力的科学性产生了怀疑，有人认为，由于人类创新和生物进化的不可预知性，承载力与人口增长的相关性有限，仅仅进行人口数量的承载力研究意义不大，甚至质疑承载力的科学性。

理论上，人类生存和发展所占据的地理空间是有限的、所消耗的物质都是由地球提供的。资源的有限性决定了地球存在承载上限，承载力这一表征当前人口规模或人口经济密度与资源环境关系的指标是真实存在的。但受制于人类对资源环境要素消耗占用的动态性以及资源环境系统自身的动态性，难以准确衡量增长极限。因此，有人建议应当让"承载力"概念回归到自然本质，研究视角由传统的"地→人"转变成为"人→地"，将"承载力"看作是人类一切经济社会活动对资源消耗的极限、对环境系统排放的极限、对生态系统胁迫的极限。从衡量人口经济规模的增长极限转变为监测资源环境系统的稳定性、可持续利用性。研究视角的转化为客观评价承载力提供了可能，也有助于提升承载力概念的科学性。

（2）承载力概念的规范性

"承载力"受到地理科学、资源科学、环境科学、生态学以及土地资源管理、城乡规划等多学科、多领域的关注。基于不同学科背景、思维方式和时空尺度形成的承载力概念与理论方法存在较大差异，影响了承载力的实践与应用。加之，"承载力"已由一个科学概念发展为受到普遍关注的政府议题和公众话题，概念内涵不断被拓展，呈现媒体化与泛化的现象。在一些地方开展的相关评价中，环境承载力与环境容量、区域资源环境综合承载力与区域可持续发展能力等在本质上没有区别。

在实际工作中，普遍认为资源环境承载能力评价是对资源环境本底特征的综合评价，适宜性评价是对国土空间进行城镇建设、农业生产、生态保护适宜程度的评价；承载力评价是适宜性评价的前提、适宜性评价是承载力评价的延伸。但从本质上看，承载力与适宜性具有内在统一性，都是包含数量与方向的向量概念，首先要确定承载的对象或者开发利用的目的，然后才能评价承载力的大小或者适宜程度的高低。

实质上，资源环境承载力是从分类到综合的承载力概念统称，是包括各类资源要素承载力、环境要素承载力、生态承载力以及各要素承载力综合与集成评价的集合概念。

在编制空间规划的实践工作中，开展承载力评价的主要目的是通过开展土地、水、生态、环境、灾害等要素的单项评价和集成评价，了解区域的资源禀赋和环境本底，分析区域发展的优势与制约因素；通过开展面向生态保护、农业生产、城镇建设等不同功能的适宜性评价，为空间功能分区与用途管制提供技术支撑。评价内容主要有四个方面：一是开展资源环境本底评价，包括人居环境适宜性评价、地质环境稳定性评价、生态功能重要性与生态脆弱性评价等；二是开展土地资源、水资源、水环境、大气环境等资源类或环境类单要素承载力评价；三是在单要素评价的基础上进行承载力的综合与集成评价；四是根据特定的国土空间开发利用指向开展国土空间开发适宜性评价。

2. 承权力评价的常见误区

（1）重指标计算，轻机制研究

各类承载力评价方法都离不开指标（体系）的构建与计算，但基于缺乏表征意义指标体系形成的评价结果会降低承载力的科学性。以生态重要性为例，通常采用物种判别法、净初级生产力法（NNP）等，直接将区域的物种数量或者净初级生产能力传导为生态重要性。在资源承载力中，承载体与承载客体之间作用机制清晰，如"耕地—食物—人口"。承载体与承载客体的线性关系为基于限制性因子的研究范式提供了理论支撑。但"人地系统"是由多种要素通过复杂的相互作用和内在机理性联系构成的复杂系统，存在复杂的作用机制、反馈机制和动力机制，在环境承载力、生态承载力以及资源环境承载力综合与集成评价中，承载力的主体与客体不再是单纯的线性关系，有些指标之间是不可替代的，有些要素是无法进行区际交换的。多因素综合的承载力研究范式对指标间内在机制性的替代关系、补偿关系研究不足。

（2）缺乏时空尺度转化

传统承载力评价多是单一空间尺度的静态评价，缺乏必要的时空尺度转化，不能很好地满足空间规划的实际需求。例如，传统承载力评价往往关注人口或经济规模的增长极限

（或最优规模）。当评价尺度由全球或国家尺度转换为区域尺度以后，由于资源环境要素在区域间的交换和流动造成承载人口或经济规模的上限在实践中指导意义不大。在空间规划编制中主要是对土地、水资源等承载主体要素的配置管控，而非对人口或经济规模的限制。由此造成承载力评价与国土空间规划编制的脱节。如在多数空间规划中划定的集聚开发区往往与资源环境要素限制区存在较大的空间重叠，承载力的区域空间差异尚未成为资源配置中增量、存量、流量合理安排与部署的主要依据。以往资源环境承载力评价主要集中于宏观区域尺度，对于小尺度区域开展精细化的评价研究较少，承载力在设定节地、节水、节能、节矿等空间准入标准与准入门槛方面发挥的基础作用不足，不能完全支撑国土空间用途管制的需求。

（3）评价体系缺乏区域特色

承载力评价的区域特征和阶段特征不够明显，针对性不足。在开展国土空间规划编制中，机械的依据普适性技术规程开展评价，容易出现评价结果与实际不符、评价结果针对性不强等问题。例如，在一些地方开展农业生产功能指向的土地资源承载力评价时，将坡度划分为若干个等级，并以坡度分级结果为基础，结合土壤质地，把农业耕作划分为条件高、中、低等若干个类型。

3. 承载力评价误区的根源

忽略承载力评价的尺度因素可能是影响承载力评价准确性与应用性的主要根源。在时间尺度上，资源环境要素的总量和人均资源环境消耗占用量一般给定统一的数值，对动态性考虑不足。但受社会经济发展、科技进步等因素影响，承载力是动态变化的。在空间尺度上，承载力评价的对象既包括微观的土地单元，又包括以土地为实体、以地域为表现形式的国土空间。不同时空尺度下，承载力的传导机制、评价方法、评价指标、评价阈值等有所不同。例如，对于全国尺度的土地承载力评价，主要衡量土地对粮食安全的保障能力，针对的是大宗粮食作物生产能力的评价；而在较小尺度上开展的面向农业开发的土地适宜性评价，则要考虑不同农作物对种植条件的差别化，评价指标和标准应有所差别，体现区域特色。但现有的承载力评价未能充分考虑空间治理的层次性、系统性，对空间治理的尺度转化和功能传导支撑不足。

（四）承载力支撑国土空间规划的应用建议

未来在区域开放性、资源环境要素流动性、生态系统临近干扰性、人类对自然的主动改造性、经济社会与资源环境之间的关系复杂性和动态变化性等因素的影响下，资源环境承载力评价将日趋复杂。要适应建立和完善国土空间规划体系改革的要求，摒弃重指标计算、轻机制研究的做法，注重研究承载力的内在机制、深刻理解指标体系对承载力的表征作用，创新和发展承载力评价技术体系，提升评价结果科学性与实用性，满足新时期国土空间治理的需求。

1. 构建承载力评价技术体系

（1）明确承载力评价的应用导向

根据国土空间规划编制实施的业务化需要，一方面，继续开展土地、水资源、水环境、生态、灾害等单要素评价，了解资源环境的承载状态与潜力。为总量控制目标指标的确定、分解提供科学依据，并以总量控制倒逼资源开发利用方式转变，直接指导节地、节水、节能、节矿以及环境污染排放等标准与准入门槛的制定和调整。通过比较识别区域发展的短板要素，以"底线思维"体现区域发展劣势与制约因素，为国土空间分类保护确定数量底线、排污上限和空间红线，进而为空间用途管制提供依据。

另一方面，加强资源环境综合承载力研究，综合判定经济社会发展的适宜地区、适宜开发类型、适宜开发程度等，以资源环境综合承载力为基础，明确地域功能、划定功能分区，并确定各功能分区的空间准入类型与准入标准，实现承载力应用由单纯评价向与目标规划、空间分析、决策支持相结合的方向发展。

（2）建立多尺度多单元的评价体系

中国将推动建立分级分类的国土空间规划体系。宏观尺度的国家级和省级国土空间规划重点明确人口规模、城乡建设规模等与资源环境承载力在总量规模上的匹配关系，为制定约束性管控总量目标服务。中观尺度的市县空间规划重点明确区域内不同地域的主要功能，划定城镇、农业、生态空间和生态保护红线，永久基本农田保护红线，城镇开发边界（"三区三线"），明确开发保护格局，实施空间用途管制。微观尺度的乡镇国土空间规划和详细规划，重点是确定土地利用类型及开发强度，了解每宗土地的开发建设适宜性，指导具体的开发建设行为。

不同层级的国土空间规划对承载力评价的要求有所不同。同一层级的国土空间规划因承载力评价的目的不同，评价单元也会有所差别。以宏观尺度国土空间规划的承载力评价为例。面向土地生产的土地承载力评价，应当将整个区域假定为封闭系统，以全域为评价单元；面向支撑经济社会发展潜力的国土空间开发适宜性评价，应当以区县为评价单元；面向具体开发建设活动的农业开发适宜性、人居环境适宜性评价要以一定尺度的网格（栅格）为基本单元，衡量土地支撑农业开发、城乡建设的现状及潜力。为此，要按照空间规划层次性、系统性的要求，建立由"宏观—中观—微观"空间尺度和评价单元构成的承载力评价框架体系。

不同类型的承载力要采用不同的评价范式，并差别化地应用于指标约束传递、地域功能传导和空间用途管制，满足不同空间尺度、不同空间治理任务的需求。但受制于理论方法、技术手段、数据可得性的影响，承载力评价结果不可能完全真实地反映区域的真实状况，加之国土空间规划是多方面综合决策的结果，在实际应用中不能机械地根据承载力评价结果编制空间规划，应视情况将其作为约束性、参考性或强制性应用。

2. 适应国土空间规划编制要求

未来中国要改变传统的生产、生活及发展方式，发挥全球生态文明建设引领者的作用，推动生态文明建设再上新台阶。国土空间规划要适应新时代的新变革和新要求，促进和引领生产、生活及发展方式的转变，形成绿色高质量的发展模式。作为支撑国土空间规划编制的承载力评价也要主动适应上述变革的要求。

（1）支撑国土空间规划新目标

生态文明建设再上新台阶下的空间规划要塑造高质量发展、高品质生活、低扰动生态的国土空间。承载力评价的目的是通过衡量经济社会发展需求与资源环境本底的关系，促进资源利用方式和经济社会发展方式的转变，形成绿色发展方式。承载力评价应该有别于传统资源粗放利用发展方式下的评价模式，评价指标的选取中应当充分考虑高质量发展、高品质生活的需要。例如，基于食物安全供给的承载力评价，不能沿袭传统的以解决温饱为目的的评价，而应当考虑人民群众膳食结构的变化、考虑土壤污染等对绿色农产品生产的影响，为人民群众提供安全、优质的农产品。通过构建由结构类指标、绩效类指标、绿色类指标等组成的评价指标体系，表征高质量绿色发展模式下经济社会发展的结构变革、动力变革和效率变革，促进国土空间规划新目标的实现。

（2）契合国土空间治理新模式

未来国土空间规划将进入存量时代，空间开发模式将由大规模的外延扩张向内部挖潜提升转变；空间治理模式由以往"自上而下"层层下达指标向"上下结合"转变，由逐级控制的指令性、计划性管理向更多发挥地方各级政府管理主动性转变。空间规划一方面要通过层级化、系统化的规划体系，落实国家重大发展战略，强化对资源消耗总量、环境排放总量的控制；另一方面，要加强空间治理的精确性、灵活性，满足新产业、新业态对国土空间多样化、个性化需求。承载力评价要适应国土空间治理体系化的要求，分级分类开展评价，保障控制性指标的约束传递和地域功能的层级传导，引导微观的国土空间管制和土地利用落实宏观的战略部署。承载力评价还要适应国土空间规划进入存量时代的趋势，满足空间治理地方化、精细化的需求。各地在坚持高质量绿色发展的前提下，可以根据特殊的自然要素和人文要素，编制各具特色的空间规划，也应当因地制宜构建符合区域特色的承载力评价指标体系，并考虑流量政策和存量政策。例如，要考虑城市更新改造、容积率提升等对城市建设用地承载力变化的影响。

（3）顺应国土空间治理新手段

传统的空间规划侧重对规划基期的分析和静态规划目标描绘，忽视过程优化与调控，缺乏公众参与，影响部门协调。智慧社会下空间信息技术的发展为空间规划的变革提供了机遇，推动空间规划由蓝图规划转向过程规划、由静态目标规划转向动态控制规划。相应的承载力评价也要由静态评价转向动态评价。一方面，关注科技进步对资源利用、环境治理以及产业发展、空间开发格局的影响，关注科技进步在承载力中的"门槛效应"。例如，节水农业的发展将有助于提升现有水资源的承载能力。另一方面，新的技术手段为实施资源环境承载力的动态监测预警提供了可能，在空间规划和治理中将监测预警作为调整优化区域功能定位和经济社会发展模式的主要依据，推动空间规划和空间治理的过程化和动态监测实施化。

二、国土空间综合功能分区

国土空间综合功能分区作为国土规划中的一项重要内容，其目标是为国土空间的开发与利用提供科学的基础和保障。并且，常常因为经济社会发展的不同阶段与对自然资源管控的需求的改变，相继出现主导功能不一致的国土规划内容。我国从开始的注重经济发展建设到现在的注重生态环境保护这一过程中，相继出台了三轮土地利用总体规划、主体功能区规划、城镇体系规划及空间管制区划、生态保护区规划四类主要规划内容。现阶段，伴随着国土空间综合功能分区的方法体系与相关理论的不断完善，分区的总体目标与总体思路也伴随着社会的发展需求不断向前发展。国内的分区主要从以下五个方面研究。

（一）分区单元划定

目前，国内相关研究中，分区单元主要分为两类：第一类以行政界限为评价单元，纵向分为省、市、县、乡、村五级行政单元，以行政界限为评价单元具有数据资料获取较为容易、实施管控策略较易实施等优点，但因为评价单元得到的分区类型较为单一，一个评价单元只体现一种主导功能，所以科学性有待加强，评价精度不够准确；第二类以一定的面积和大小的地类图斑为评价单元，以特定大小地类图斑为评价单元的分区方法具有分区精度较高、分区较为科学合理、主导功能区域突出等优点，但同一行政界限往往出现多种主导功能区域，在数据的获取以及实行分区管制时难度较大。

（二）国土空间现状描述

国土分类作为国土空间现状分析的基础，通常有两种分类方式：第一种分类方式为功能分类，主要包括城镇聚居、生态调节、农产品供给等类型；第二种分类方式为结构分类，主要包括城镇及工矿用地、园地、耕地、草地、林地等类型。通过研究国土空间现状的格局与特征，将会为国土空间综合功能分区提供参考与借鉴。

（三）分区指标体系构建

评价指标体系对分区结果起着十分重要的影响作用，其包含的科学性直接体现出评价结果的合理性。从当前的研究成果来看，评价因子的选取主要受到研究对象与研究方法的影响，研究对象的不同往往研究的侧重点也不相同。其中，指标体系的构建应体现出生态安全、资源安全、经济可行的特点，这也成为我国学者构建分区指标体系的基本思路。进行指标因子的选取时应遵循以下原则：第一，针对性原则，针对一般性用途进行选择；第二，主导性原则，选取具有主导功能作用的评价因素；第三，稳定性原则，选取的指标因子应使评价结构具有长期有效性，因此指标因子应具有时间上的稳定性；第四，可操作性原则，选取目前能够进行数据获取的指标因子。同时，指标因子的筛选又具有偏主观的方法与偏客观的方法，偏主观的方法比如专家经验选择等，偏客观的方法比如 BP 神经网络等。

（四）评价方法与模型

随着科学技术的不断发展，目前主要的评价方法与模型主要分为两类：第一类为基于知识驱动的评价方法与模型，主要包括模糊综合评判方法、综合指数法等；第二类为基于样本学习与数据驱动的评价方法与模型，主要包括人工神经网络、逻辑回归模型等。

（五）国土空间分区方法

从分区的层次来看，主要包括自下而上和自上而下两种方法。自下而上方法是以评价单元开始，逐层向上的评价方法；自上而下是以研究区上层出发，依次向下进行分区研究的方法。从数据处理的方式来看，主要包括定性分析和定量分析两种方法。定性分析主要是对功能分区的特点和规律进行总结和描述；定量分析主要是通过构建分析模型，进行数据处理，得到分区的结果。从分区的直观性来看，主要包括直观分区和间接分区两种方法。直观分区方法以数据作为支撑，根据评价结果进行区划研究；间接分区方法主要以主

导功能和主要因素进行区划研究。

三、国土空间规划体系下用地协调机制

国土空间规划体系的建立，标志着"多规合一"的局面已经退出了历史的舞台。新时代的国土空间规划体系由"五级三类四体系"构成，"五级"对应规划层级、"三类"对应规划类型、"四体系"对应规划体系。该体系一经确立便成为各类空间规划进行国土建设和保护活动的基本依据，在我国空间规划发展过程当中，具有重要的划时代意义。而国土空间规划作为统筹部署国土的开发与保护，协调不同空间类规划的总抓手，明确了国土资源的管理工作模式，映射了国家治理体系现代化建设，因此，如何落实土地管理工作的统一构想和解决不同空间规划带来的用地规划不协调等矛盾，是开展国土空间规划工作过程中亟须解决的问题，也是落实用地规划的前提条件。

（一）各空间类规划在用地规划协调方面存在的问题

1. 用地规划价值观取向不一致

当前，用地规划涉及从宏观到微观的统筹，不同的规划视角考虑的任务和重点不尽相同。区域规划注重于区域内部资源的调整与发展，着眼未来可持续发展，其建设或保护措施都是既定目标实施的过程，一切安排服务于区域的发展；土地利用规划与城乡规划落实在城市层面，致力于对城市土地的合理利用和发展，在用地规划时，须考虑管理土地和服务民生的需求。综上所述，这几种不同的规划所构建的空间规划骨架，在实际的操作中往往能够相互补充、相互协调，可一旦出现价值取向的偏差，就很容易对社会造成不良的影响。

2. 用地分类标准不统一

当前，涉及空间管控的部门各自构建了不同的用地分类标准，这些不同的用地分类体系彼此之间难以协调呼应，甚至出现规划"打架"的情况，不利于对区域空间进行整体评估和统筹安排建设。城乡规划侧重于土地的开发，指导城市建设区内空间的合理组织和布局，但本质上不重视农林用地、生态用地等，仅对非建设用地进行简单的划定；土地利用规划则侧重对土地资源的保护及综合管理，在用地类别上对农用类用地划分较细致，而对建设用地的类别划分较为粗糙；林地分类基于管控的需要，以郁闭度、覆盖类型以及规划利用分类对林地进行细致的划分，但是在定义林地内容和方法上与土地利用规划差异较大。这些空间规划用地分类体系局限于自身规划体系的要求，彼此之间衔接程度不理想，在当前国土空间规划体系的构建中，须进一步整合。

3. 用地指标和布局不协调

各空间规划在管理土地空间的目标和出发点上不同，在用地指标和用地布局方面存在以下三点矛盾。

第一，用地统计的内容定义和方法不一致。比如在定义水库水面是否为建设用地问题上，城乡规划和土地利用规划便产生了分歧，而类似问题的积累最终会导致土地利用规划与城乡规划在建设用地规模统计方面难以同步。

第二，用地配套指标体系不协调。土地利用规划侧重于对土地资源的保护和管控，对于土地利用规划中应当设置的配套设施考虑不足，而城乡规划则侧重于公共、基础设施配套的完善，而对土地资源的保护和管控考虑不足。

第三，用地规模不协调。城乡规划用地规模的确定是依据预测的人口规模、城镇化水平和人均建设用地指标，受上级规划约束较小，而土地利用规划则是以上级规划来严格控制规模，两者都是用各自的一套体系去划定用地规模，相互间缺乏协调性。因此，在实际工作中，往往会因这两种规划的用地指标不一致而出现规划频繁改动的情况。

（二）国土空间规划体系下对各类用地协调整合的原则与路径

空间规划须重视空间布局与协调，而当前各部门制订的规划在概念和内涵上都存在较大差异，就单个空间规划而言可能是合理的，但多个空间规划共同作用时就会有矛盾，这些矛盾分别体现在用地分类体系、用地规模、用地布局等方面，不利于区域发展的整体协调和统筹安排。因此，国土空间规划体系构建中的首要任务，就是要对各类用地进行协调整合。

1. 构建统一的国土空间规划基础数据平台

在国土空间规划体系中，打破空间类规划的藩篱，实现用地判断的价值论、方法论、实践论的统一，首先就是构建统一的空间规划数据平台，真正实现信息的互通互享。构建共同的规划话语体系，是解决空间规划之间在用地属性、规模、界定等问题上存在冲突的有效途径，从而实现国土空间规划体系下用地编制共建共享，达到对土地资源的有效调控。

2. 构建完善的国土空间规划用地指标体系

各类空间规划的用地控制指标体系都是各部门在自身发展的不同历史阶段或不同环境背景下构建的，其出发点和目的都不尽相同。国土空间规划要寻求最大公约值，破除各空间规划指标衔接时存在的壁垒，以构建更科学、合理的用地指标体系，从而协调城乡用地布局，强化对用地指标规模的管控。

3. 提升国土空间规划的土地有效供给

各类空间规划在编制的时候，不可避免地产生规划编制的部分重复，而通过用地规划协调可有效形成用地指标和空间管控一张图，使得各类空间规划能够真正融入国土空间规划体系中，规避各种用地规划间的矛盾，从而增加土地的有效供给。

四、国土空间规划体系的用地协调机制探索

（一）国外空间规划经验对我国国土空间规划体系用地协调机制的启示

1. 国外空间规划研究

土地的利用和协调都是各国规划的重点，由于不同的发展背景及制度管理体系的不同，用地协调的手段也因此存在差异，但仍可以通过对这些发达国家的研究来获取经验，下面对英、美的空间规划经验进行概述。

英国的用地体系中规划编制和开发控制引导是彼此独立的，对应为功能性和政策性用地体系，其中功能性分类体系是作为规划审批的依据，而真正指导、开发、控制土地利用的是地方政策性用地规划。这种用地规划体系能够协调和促进中央政府与地方政府共同发挥作用，中央政府把各地方政府的行为装在法律的框架内，同时地方政府以一种指导性的规划手段，在市场的作用下，实现用地规划的多方参与和多方协调。美国作为一个联邦制国家，联邦政府没有全国统一的规划，也没有统一的用地管控标准，空间规划较为自由，规划体系是以州为核心，并只对州政府负责，因此空间规划大多集中在州政府与地方政府间纵向的二级传导。土地规划是州政府制订各种规划工作的重点以及基础，作为城市管理指导类政策文件，要求地方政府根据地方发展情况制订地方土地利用规划，包括对土地总量、建筑开发量以及土地区划控制，由于地方政府只对州政府负责，故用地规划的落实在纵向上传递明晰。

2. 国外用地协调机制启示

西方国家空间规划体系的经验对我国国土空间规划用地协调方面的参考价值主要体现在以下四个方面：第一，在用地价值观层面，明确统一的价值取向，并自上而下地贯彻这种用地价值观；第二，在用地分类体系层面，借鉴美国的区划法，将规划的价值观与用地的功能结合起来，从而通过价值取向限定用地的分类，避免产生较大分歧；第三，在用地

规模层面，学习德国的预备性土地利用规划，通过与田地重整部门的共同参与，在确定土地利用规模时，充分统筹城乡，确保用地规模的划定有利于农业生产结构的改善；第四，在用地管控层面，统筹学习美国、英国、德国的做法。

（二）国土空间规划体系下用地规划协调机制

建立国土空间规划体系下用地规划协调机制，前提环节是协调各方用地价值体系，基础环节是重构统一的用地分类标准，关键环节是用地规模指标的制定与传递落实，根本环节是用地管控的协调与反馈调节。

1. 用地价值体系协调机制

为统一各方的认知，实现各方协调，合力完成用地规划，应充分尊重各方原有的价值诉求，建立鲜明的价值导向，作为开展用地协调的前提。统一各方的用地价值导向，纵向上，从中央、省政府层面上统一用地价值体系，将市级政府作为用地规划管控的核心，地方政府对市级政府负责，贯彻市级政府的用地价值取向。横向上，用地规划价值的研判，需要谋求各方的最大公约数，做到"保底线""划边界""谋支撑"的原则。"保底线"，即底线思维的考虑，建构开发与保护的二元壁垒，进一步突出保护自然类的生态空间和人文类的历史文化空间，在用地分类上进行明确；"划边界"，即划定若干利益群体，有效地界定其利益边界，按照"三生"空间的战略布局，明确不同主体的空间边界，全覆盖国土用途管制制度；"谋支撑"，即设施体系的完善，将区域的安全和健康与城市挂钩，切实保障民生事业的发展。

2. 用地分类协调机制

用地规划协调机制的基础环节是建立统一完善的国土空间分类标准。按照国土空间规划开发保护的总体格局，根据"山水林田湖草海"的保护要素，构建全域一体、海陆一体、城乡一体的国土空间开发保护系统。以现行的各种用地分类规范等为基础，参考林业、农业、交通、海洋等部门的规范及标准，采用用地价值协调中"保底线"原则，将大类中的三类作为开发、限制开发和保护用地；基于"谋支撑"原则，加入区域设施用地。此四大类用地根据"划边界"的原则进行进一步分级，将其细化分类成三级，纳入各空间体系，生成基本适合国土空间开发的、具有可操作性的统一标准。

第一，开发用地。主要按照土地利用的切入点进行划定，大多延续城乡规划用地体系对于城市建设用地的分类，将城市与乡村的建设用地进行统筹考虑，打破城乡之间界限。一是将与人们生产生活息息相关的、可以连片布置的用地归为城乡建设用地，包括城乡住宅、城乡商业服务设施、城乡公共服务设施、城乡公用设施、城乡道路和城乡其他建设用地。二是把二产及其以上产业作为开发类用地进行分开归类，工业用地、物流仓储和采矿用地从城乡建设用地分离出来。三是把城乡绿地及广场用地也作为开发用地，一方面，可以保障城乡开发用地的环境品质；另一方面，可以作为城市发展的备用地。

第二，限制开发用地。限制用地主要参考国土资源部门、城乡规划部门、林业部门、海洋部门的用地分类规范，将既有开发类性质也有保护类性质的土地分为限制开发用地，即农林生产用地、生产水域和生产海域三大类。首先，农林生产用地的分类，主要继承了国土资源部门三大类的农用地类别，以一类产业的生产用地为主，把具有生产性的林地和草地纳入农林生产用地，突出这部分用地的生产性；其次，进一步引入生产要素，将海域跟水域也细分出生产水域和生产海域，将原国土资源部门与原城乡规划部门对于水库用地的建设性与非建设性定义不一致进行协调，把水库水面和坑塘沟渠统一归类成生产水域，将交通运输用海和旅游娱乐用海、特殊用海作为生产海域。

第三，保护用地。保护类用地主要是出于对土地的保护或防护功能方面的考虑而划分的。首先，从自然角度分类的是海域、水域、林地、草地、未利用地、防灾生产保护用地。其中海域主要作为保护性海域；水域作为保护性用地，主要是河流、湖泊、滩涂、沼泽、冰川积雪用地，除了可以为生产提供作用的水库、坑塘沟渠；林地和草地只是将具有生态保护用途与特殊用途的用地划入；未利用地为当前技术难以利用或经济价值不高的土地；防灾生产保护用地是为人们的生产生活提供保障的或要保护的用地，包括饮用水水源保护区、河流水体控制区、地质灾害密集区、其他保护控制区。其次，从人为干扰控制角度分类的用地作为专项保护用地，包括风景名胜用地，自然类世界遗产、文物古迹用地和其他专项保护用地。

第四，区域设施用地。区域设施用地既有开发的作用，又有保护的作用，并且无法划定为限制开发用地，故将之与其他三大类用地独立，作为独立的对开发和保护都起到辅助作用的用地。此分类基本延续了国土部门与城乡规划部门的用地标准，在进一步细分时特别注重其区域性，从而分出与开发用地中的公用设施以及基础设施不同的用地。

3. 用地规模的协调机制

国土空间规划中用地规模的协调是用地规划协调的关键，住建部曾要求城市总体规划与土地利用规划的城市建设用地规模应保持一致。在实际工作中，各类空间规划在用地规模方面因存在不同的需求，彼此之间缺乏必要的联系，从而导致规划之间的矛盾与重叠，国土空间规划体系要整合用地规模，可以从以下两个方面考虑：

第一，综合协调。摒弃各自为政的用地指标体系，以用地分类中的国土保护开发为价值取向，通过对国土自然环境、社会经济发展状况等进行综合研究，以此作为用地指标规模的基本依据。国土自然环境研究可通过"双评价"研究，客观地反映现状资源环境的开发条件，评估未来发展潜能，通过"三区三线"的划定，确定开发、限制开发和保护用地的范围红线。在社会经济研究方面，主要是研究经济规模、人口基础和社会文化等要素，作为开发、限制开发、保护和区域设施用地的具体指标规模的宏观依据。

第二，方法协调。主要基于土地利用规划和城乡规划关于用地规模预测的方法进行优化，国土空间规划的战略思路是"开发保护"，这就涉及土地的需求和供给两个方面。城乡规划是以预测人口规模以及城镇化水平，结合人均建设用地指标进行推算的，仅考虑土地的需求侧，而忽视了土地资源的稀缺性。土地利用总体规划是以土地的供给侧角度出发，但在指标制定时缺乏必要的研究支撑。因此，国土空间规划在进行用地规模预测时需对这两种方法进行协调，从宏观层面进行分析，综合考虑供给与需求两种因素，以优化空间格局和资源配置为目的，合理预测各类用地规模。

第二节 重要控制线框架构建基础

一、重要控制线框架构建理论基础

在构建研究理论体系时，从区域空间管制理论、新制度主义理论以及绿色基础设施理论等角度探讨控制线体系作为一种制度该如何编制、运作来构建国土空间规划控制线体系的理论框架；然后从规划实施逻辑的角度探讨控制线体系在城市复杂系统里面如何关联多个相联结的决策，以及与法规、行政和治理并列的管理手段是如何运作的。其中，采用了绿色基础设施理论、新制度主义理论和区域空间管制理论相结合来满足国家建设生态文明需要和国家治理体系现代化的基本诉求；沿用了精明增长理论与可持续发展理论来指导存量再开发和增量有序开发，以保障城镇可持续发展。

（一）区域空间管制理论

区域空间管制是指政府为了缓解资源开发与保护的矛盾，以空间政策为手段，对辖区内的资源开发、城乡建设进行管控，化解城乡空间过度生产、发展资源分配不均衡和使用权争夺引发的社会冲突等现实困境，实现可持续利用区域资源的过程。城镇建成区、乡村建设区、农业开发区、生态敏感区是其主要管控区域。核心是通过制定空间准入制度与设定准入门槛，以协调为主，控制和引导城镇空间资源开发。与行政区划、空间管制和政策制定等治理手段相结合来调控区域资源配置，以保障空间的高效利用和达到地区间均衡发展的目的，消除由于地区间资源配置不公平带来的社会问题。区域控制管制理论管控的内容是空间治理的关键目标。基于区域空间管制理论，结合政府空间管制的对象，制度对应的管控内容、管控规则、管控职权等内容，并划定相应的控制线，以保障空间管制对象的管控和监督过程进一步落实到位。

（二）新制度主义理论

制度是人需要遵守的规则的总和，而解读现实的政治现象到底是以人为基础，还是以制度为基础，引起了政治学界极大的争议，并导致政治学界逐渐形成了制度主义、行为主义、新制度主义三大主要的研究范式。早期，制度主义理论提倡以"国家"为核心，采用抽象、定性、哲理的研究方法对行政体系构成、法律制定、司法监督等进行探索研究，并提出一种完美的政治形式以满足当下某种政治原则需要。新制度主义提出设计不同利益主体之间政治和经济关系的管理规则，并必须保障管理的规则正规、程序合规和操作标准，以保障政策法规的施行；新制度主义还主张政策与制度是理解实际政治生活的重要视角，以及社会的良性运作最终还是基于社会成员之间的相互信任与合作。政策法规制定也需要如此，基于此，在控制线政策法规设计时，形成了"自上而下"的刚性管控传导模式、"自下而上"的弹性划定校准模式和政策法规作为"上下联动"纽带的三类层级传导模式，在上下联动过程中主张公众参与，提高公众与管理人员之间的信任和合作，保障人类合作治理的新型模式正常运行，最终达到政策法规的良性运作的目的。

（三）绿色基础设施

以绿色基础设施为媒介来连接自然环境和人类开发空间，将人类活动融入自然环境中，真正做到人与自然和谐共生。在构建国土空间规划控制线框架时，将传统的基础设施管控与绿色基础设施建设理论结合起来，划定绿色基础设施廊道，结合都市区绿线形成的生物通廊，最终形成开放绿色基础设施网络，对城镇发展过程中的开发建设空间进行系统性的串联。

（四）精明增长理论

"精明增长"的核心内容是盘活城市存量空间，管控有序增量空间；对低效社区进行翻新重建，再开发废弃、污染工业用地，以节约公共服务、基础设施建设投入成本；通过填充式开发和再开发两种"精明"开发方式，优化城市功能空间布局，保障城市建设相对集中，集聚城市生产、生活组团，减少不必要的出行和基础设施建设，转变资源浪费的粗放发展模式，以达到一种高效、集约、紧凑的城市可持续发展模式。在底线思维的基础上，沿用了"精明增长"理论的核心思维。在选择控制线管控对象时，本着"控增量、促存量、防蔓延"的"精明"发展逻辑，选择了对低效用地、工业用地、增量用地等对象进行管控，并制定了相应的控制线。

二、实践基础

传统的国土空间管制手段包括规划分区管制、用途管制、控制线管制，规划分区管制和规划用途管制更侧重人的主观认识视角，将人的、抽象的、政治的认知结果落实到土地管理中，其规划成果的管制力度弹性更大；而规划控制线管控的对象是客观认知的结果，在很大程度上反映的是人对自然资源本质的、具体的、物质的认知，其规划成果变更的弹性空间较小，更侧重刚性管理实施。随着城市发展、管理的精细化分工，弹性管控内容也要逐渐向刚性管控转变。规划控制线管控手段也要随之更新。

（一）原有规划体系控制线和控制区域

中国传统规划体系主要包括城乡建设规划、发展规划、国土资源规划、生态环境规划、基础设施规划和海洋规划六大类，控制线体系也由城乡建设规划系统的规划红线、道路红线、城市绿线、城市蓝线、城市紫线、城市黄线、城市橙线、城市黑线，以及由其余五大类规划提出的耕地保护红线、林业生态保护红线、海洋生态红线等组成。同时空间管控分区也存在着较大差异，住建、发改、国土、环境等各个管理系统对空间管制分区有自己独有的划分方法。六大规划系统存在管理部门各不相同、规划内容管制侧重点差异明显、规划管控层级错综复杂、规划体系间交叉重复内容较多，导致管控体系庞杂、控制线之间协调性差、管控层级间脱节严重、管控内容之间出现越位、错位、缺位等问题。

（二）国土空间规划体系控制线和控制区域

三类空间管控要求和划定方法弹性较大，划定过程中必须因地制宜，对指标进行差异化设定，才能形成更加符合地方实际的三类空间。而"三线"的划定工作要求相对"三区"来说更难，主要控制线需要相关的技术规范和指标依据作为支撑才能划定落地。永久基本农田的划定对象、建设机制、管理机制、补偿机制、保护机制等内容，保障国家粮食安全和重要农产品供给，促进农业生产和社会经济的可持续发展。

三、重要控制线选择逻辑

通过梳理国内研究和实践探索进展，不难发现国内控制线体系存在以下问题：现行控制线体系庞杂，各个规划系统的控制线相互独立，自成系统，导致了管理范围交叉重叠、管理事权不清、管理规则差异较大等问题出现，割裂情况严重；城镇开发边界的管理缺位，城镇边缘呈现半城镇半郊区化现象，大量的城镇元素入侵，给永久基本农田和生态环境带来了不可逆的伤害；传统控制线体系主要集中在城市建设区域管控，在非建设区管控方面存在短板，满足不了全域国土空间用途管制的诉求。现行的城镇边界外除了永久基本农田和生态用地外，其他用地并没有受到强制性保护；传统控制线体系主要管控对象为城市增量，缺乏对存量的管控，不利于城市发展模式由增量扩张向存量优化的转型。

我国控制线体系还有较大的更新拓展空间。国土空间规划体系的重构也为解决控制线体系更新带来了新的契机，国土空间规划体系建设的基本目标就是"多规合一"的规划编制、审批、实施、监督体系，以及配套完整的政策法规和技术标准体系。而控制线体系的划定、审批、实施和监督都与国土空间规划体系环环相扣，同时侧重实践探索的控制线体系也是相关政策法规和技术标准制定的实践经验依据。因此，国土空间规划控制线的选择逻辑，既要体现全国控制线体系一盘棋的底线思维，也要紧密结合地方实际，突出地域特色；既要强调统一性、层层落实国家意志，也要体现多样性，防止规划千篇一律；既要掌控管控规则的弹性，也要把守住管控内容的刚性。

通过对国内外新旧的管控方式进行梳理汇总，管控方式的类别之多也再次证明了空间规划的管控系统错综复杂。基于空间治理、精明增长、可持续发展等理论基础，以底线思维、层级细分、突出特色、管控实施作为选线的基本原则，主要采取了就近合并、扬长避短、特色并取的筛选思维，对内容相近的管控线进行合并处理；充分发挥地方的主观能动性，控制线管控对象要具备立足地方资源禀赋特点、注重历史文化传承、保留城乡肌理脉络、符合地方政府管控诉求等特征。例如：将林业生态保护红线、海洋生态红线等控制线并入生态保护红线内；对传统地方性控制线，且未出台国家级管理办法的控制线进行剔除处理，将其管控内容转移到其他相关控制线，对国家出台过相关城市控制线管理办法的控制线继续延续。

第三节 国土空间规划重要控制线体系构建

一、重要控制线的定义与划定意图

（一）基础三线

永久基本农田保护红线是指按照一定时期人口和社会经济发展对农产品的需求，依据土地利用总体规划确定的不得占用的耕地。从数量、质量、产量等角度出发，全方位、长期性地保护永久基本农田。

生态保护红线指在陆地、海域生态空间范围内具有特殊重要生态功能、必须强制性严格保护的区域控制线。从底线、生命线等视角出发调整优化国土空间保护与开发格局，构建完整、安全、稳定的国家生态安全格局。

城镇开发边界是指在规划期内约束和指导城镇集中建设区的建设开发活动，以优化城镇功能开发的区域边界。防止城镇无序扩张，引导城镇开发边界内外生产空间、生活空间、生态空间内涵发展。

（二）传承五线

城市绿线是指城镇各类绿地范围的控制线，保护城镇绿地不被侵占。

城市蓝线是指城镇水系保护范围的控制线，保护城镇水系不被占用。

城市紫线是指历史文化街区和历史建筑的保护范围线，加强对城镇历史文化街区和历史建筑的保护。

城市黄线是指城镇基础设施用地的控制界线，保护城镇基础设施用地不被占用。

道路红线是指城镇道路用地范围的控制线，保护城镇道路不被占用。

（三）特色六线

都市区绿线是指在两个或多个城市（城镇）之间划定的长期或永久性限制开发区域的边界线。防止城市蔓延，保护城市周边的长期或永久性开放空间。

区域基础设施走廊控制线是为保障区域性重大基础设施顺利建设和安全运营而划定的建设控制区域的边界线。保障区域性重大基础设施用地供应。

产业区块控制线是为城镇开发边界内由工业园区和连片的工业用地围合而成的产业用地集中区范围而划定的控制线。促进工业用地集中布局，防止工业用地被房地产开发侵占。

特色景观线是为保护地方特色、提升环境品质，需要给予特殊政策的文化和风景集群地区的控制线。保护地方特色，提升环境品质，促进地区高质量发展。

低效用地控制线是指已确定的建设用地中的布局散乱、利用粗放、用途不合理、建筑危旧的城镇存量建设用地的范围控制线。用地权属清晰，不存在争议。明确低效用地区域，促进土地高效利用，盘活存量。

近期增量建设用地控制线是为了确保城市建设用地有序增量并促进存量优化，为了保障规划和政策有效实施，为了明确城市发展方向并集约土地、资金等建设资源，在城镇开发边界内划定的，约束近期新增建设用地区域的控制线。明确城市未来五年的发展方向，与国家"五年计划"配合实施，促使政府基础设施集中布局，激发市场信心。

二、重要控制线的划定区域

（一）基础三线

永久基本农田保护红线应划入区域为：县级以上人民政府审批核准的耕地；正在改造、已经改造或列入将来需要改造的中低产耕地；用于实验教学的耕地；国务院相关部门审核批准的耕地。不应划入区域为：田面坡度大于15度或者地形坡度大于25度的耕地、容易受到自然灾害破坏的耕地；规划期限内预计建设成为耕地的未利用土地和水域、预期调整为耕地的其他农用地、预期整理复垦为耕地的建设用地等；规划期内已经列入建设实施项目和生态保护的退耕还林、还湖（河）、还草的耕地；因为生产建设活动造成比较严重污染、损毁的不宜耕作、难以修复的基本农田；区位偏僻、零星破碎、不易管理的基本农田。

生态保护红线应划入区域为：重要水源涵养区、重要风景旅游区、地址遗迹保护区、洪水调蓄区、特殊物种保护区、重要湿地、重要森林；重要渔业海域、重要河口生态系统的保护区；重要海域岸线及邻近海域、沙源保护海域、重要滨海旅游区、历史文化遗迹与自然景观保护区；珍稀濒危物种集中分布区，海草床、珊瑚礁、红树林等特殊物种的保护区。不应划入区域为：位于生态空间以外或人文景观类的禁止开发区域。

城镇开发边界应划入区域为：城镇集中建设区、城镇弹性发展区、城镇特别用途区。城镇开发边界的划定和管控都是国土空间规划的关键环节，主要原因在于其划定范围直接关系到城镇发展的长远利益。不应划入区域为：生态保护地区、零散建设用地。

（二）传承五线

城市绿线应划入区域为：城市内外的公共绿地、生产绿地、防护绿地、居住区绿地、道路绿地、单位附属绿地、风景林地等。不应划入区域为：城镇开发边界外生态保护红线内的绿地。

城市蓝线应划入区域为：国土空间规划确定的江、湖、河、渠、库和湿地等城市地表水体。

城市紫线应划入区域为：国家历史文化名城内的历史文化街区和省、自治区、直辖市人民政府公布的历史文化街区的保护范围；历史文化街区外经县级以上人民政府公布保护的历史建筑的保护范围。

城市黄线应划入区域为：城镇公共交通、供水、环境卫生、供燃气、供热、供电、通信、消防、防洪、抗震防灾等城镇基础设施用地，以及其他对城镇全局发展有影响的城镇基础设施用地。

道路红线应划入区域为：规划的城镇道路（含居住区级道路）用地。

（三）特色六线

都市区绿线划定内容包括两个城镇之间在未来或者永久须限制开发的区域。主要内容包括城镇之间的区域基础设施走廊区、生态环境保护区、永久基本农田、不属于生态环境保护区和永久基本农田但要限制开发的地区，以及两个城镇之间各种类型的开放空间和低密度的农居点，对于相互重叠区域管控规则按重叠控制线的规则管控。都市区绿线主要以限制开发建设为最终目标，因此，那些涉及未来要开发建设的区域尽量不要划定到都市区绿线内。例如，准备用于城镇开发建设边界内的区域、连片的主要以城市核心区为通勤地的城市居住区、其他具有城市核心区典型生产和生活特征的地区。

区域基础设施走廊控制线划定的意图是为了规范统一相关基础设施廊道的走向，主要涵盖了交通、能源、水利三部分内容，其中，区域交通走廊包括铁路、高速公路、国省道、干线航道等；能源走廊包含220kV以上高压线走廊和输油、输气廊道等区域；水利走廊包括输水道、水渠等区域。对于相对较低等级的基础设施线路可以不做强制要求，为其留有一定的协调空间，例如，市县级以下道路和220kV以下高压线等低等级的基础设施走廊。

产业区块控制线划定的主要目的是保障工业用地比例，防止城镇工业用地被大量侵占，导致城镇产业空心化。其划定的主要区域为：经国家审核公告或省认定的各类开发区，包括各类工业和产业的园区、集中区、示范区等；规划中连片的、面积大于 $30hm^2$ 的工业用地；为产业未来发展预留弹性空间，结合近期、远期产业发展方向，划定不超过20%的产业预留用地，作为产业发展备用地经营状况良好、建筑质量较好、对周边用地无污染的都市工业。在划定过程中对以上内容进行分级处理，主要包括一级产业区块控制线和二级产业区块控制线，其中，一级产业区块控制内容为现状工业基础较好、集中成片、符合管控要求的用地，部分现状工业基础较好、用地规模较小、符合管控要求确须予以控制的用地；二级产业区块控制内容主要包括：位于生态保护红线外、现状工业基础较好、虽然在规划中确定的其他用途，但近期仍须保留为工业用途的用地。不应划入区域为：规划中连片的、工业基础较差、面积小于 $30hm^2$ 的零星工业用地；现状已废弃的工业用地，规划为其他用途的用地。

特色景观线划定的主要意图是为了保护地方景观特色，打造魅力空间、城市名片，带动地方旅游产业发展。其主要划定对象为城镇自然、历史、商业、文化等具有地域特色的景观地区，其中，城镇自然景观地区包括滨水地区、近山地区、特色梯田、大地景观等具有代表性的魅力空间；历史景观地区包括各类历史文化遗产的建设控制地带；商业景观地区包括 CBD、商业区、城市门户地区等城市重点发展区域；文化景观地区包括文化中心、文创产业区、特色村落集群等。不应划入区域为：不具有城市特色代表性的居住区、工业区等区域。

低效用地控制线的划定目的在于盘活存量，减量提质。其主要划定内容为：经第三次全国土地调查已确定为建设用地中的布局散乱、用途不合理、利用粗放、建筑危旧的城镇低效用地。并将上述低效用地按照再开发方式分为拆除重建区、改造利用区两个区域。不应划入区域为：城镇发展备用地、城镇内禁止建设区。

近期增量建设用地控制线是为了明确城镇未来五年的发展方向，政府可以集中基础设施建设投入，给予市场信心，其主要内容为未来五年内城镇拟开发的新增建设用地。不应划入区域为：城镇已经开发建设用地。

三、重要控制线的划定机制

为解决传统的控制体系划定层级复杂、划定顺序混乱、划定责权模糊等实际操作问题，将控制线体系划定工作分成了省、市、县、乡镇、村五个层级，提出了各控制线要在哪些层级进行划定，明确了不同层级的政府在控制线划定过程中的主要职能。也对控制线在各层级政府之间的划定顺序进行了梳理，主要划定顺序包括上下联动、同步推进和各级政府自行划定，并对相应的政府职能进行了明确，以便于控制线体系的划定和实施管理顺利推进。

都市区绿线、区域基础设施走廊控制线等跨行政区的管控线需要相关行政区组建管控小组。由省级自然资源管理部门牵头，构建相应的控制线实施保障制度，明确管控线在实施过程中的审核程序、实施步骤、监管主体、问责机制等内容，还应加强对控制线边界划定工作的组织和指导，及时协调解决市、县控制线具体划定工作中遇到的困难和问题。以保障跨行政区域的控制线落实到位，切实保障国土空间规划控制线体系的管控作用。针对城镇开发边界内的控制线，由各地方政府牵头落实责任主体，在充分征求相关部门和人民群众意见的基础上，明晰"谁来管、谁负责、管什么、怎么管"等一系列责权问题。省级相关部门做到严格监督审查即可。

四、重要控制线体系实施逻辑

基于中央对空间规划"纵向到底，横向到边"的要求，不难发现新型空间规划需要做到全覆盖，明确重要控制线之间的横向空间关系和纵向层级传导关系也是新型国土空间规划实施的前提条件。对重要控制线进行了具体的划定探索，以确保控制线的可操作性。也通过控制线的划定来论证控制线管控内容的合理性，明确控制内容之间的逻辑关系，以便配套设计相应的控制线政策体系，尽量避免出现管控内容越位、错位、缺位等问题出现。

（一）重要控制端体系的横向空间关系

空间位置关系是空间规划落地实施的关键，也是控制线体系划定、实施的核心环节。控制线管控对象的功能定位是决定控制线空间位置的主要依据，由于控制线划定初衷就是守住城镇在开发与保护过程中的底线。接下来将从控制线的保护和发展定位对重要控制线体系的空间关系进行探讨。

1. 控制线主要功能定位

（1）保护功能

从可持续发展视角，保护空间与开发空间都属于控制线的管控范畴，同时保护是为了更好的发展，故控制线体系内具有保护功能的控制线占比会更多一些。不同控制线的保护对象不一样时，划定的控制线尽量保持其独立性。例如，基础三线、都市区绿线等控制线都倾向于保障"三生空间"（生产、生活、生态）的合理配置，其控制线之间的位置关系应该保持独立，以维持"三生空间"的平衡。即使有交叉重叠部分，也要严格管控。但是，过多功能交叉重叠会带来控制线管控范围越界、管控内容监管冲突、行政责权划分不明确等问题。因此，每个管控地块的使用功能最好避免出现重复现象，以便更有效地发挥出控制线的保护作用，守住底线。

（2）发展兼保护功能

产业区块控制线在控制产业用地配置比例的同时，也起到了保护产业用地不被其他类型用地占用的作用。发展兼具保护功能的控制线相对来说比较集中，并受到城镇开发边界的严格约束，不得超出城镇开发边界，所以这类线被划定在城镇开发边界内。

（3）保护兼发展功能

早期控制线体系的中保护线和发展线之间泾渭分明，"绝对理性"的规划理念也带来了许多城市问题。例如，城市紫线的保护意图很直接，进入了城市紫线管控范畴的城市要素被保护得很周全，而缺乏对那些当下不能进入城市紫线管控范畴、将来有可能进入的城市要素的管控，导致了大批"准"历史文化遗产被毁坏的事件发生；城市黄线的发展意图很明显，在发展过程缺乏对城市用地完整性的保护，导致城市用地被切割，形成了大量的零碎地块。如何兼顾保护与发展的问题往往被忽视。

2. 主要功能定位决定的横向空间关系

基于城镇开发边界、永久基本农田保护红线、生态保护红线三条底线的基础上，综合考虑每条控制线具备的功能定位，并结合城镇国土空间的空间性质，从国土空间开发建设管控视角，划定了国土空间规划重要控制线的空间关系，对基础三线、传承五线、特色六线的相对空间进行了图示化。其中，区域基础设施走廊控制线、特色景观线两线可以贯穿其他控制线；都市区绿线作为带状出现，主要用于隔离都市区之间三条底线的控制区域，并与城镇开发边界相互独立；传承五线、低效用地控制线、产业区块控制线、近期增量建设用地控制线主要是对城镇开发边界内部的存量和增量用地进行细化控制，当然，部分控制线为了满足保护管控需要也可以划定到城镇开发边界外。

通过横向空间关系划定，不难发现，三条底线、传承五线、六条特色线管控范围除了大片存在于国土空间中，也有存在于局部小地块之中。为了保证控制线的有序划定，对控制线划定区域之间的关系进行了进一步梳理，控制线之间主要存在着相离、重合、相含、包含四种边界关系。

相离：控制线之间相互远离，管控规则互不干涉。

重合：控制线之间相互重合，各管控线所管控的内容原则上要后退一定的安全距离，避免管控区域之间的建设行为相互影响。

相含：控制线之间部分区域相互重叠，管控重叠区域的管控原则应遵循——适建区避让限建区、禁建区和不适宜建设区；限建区避让禁建区和不适宜建设区；除国家重大战略调整、国家重大项目建设、行政区划调整等确须调整的，可按照国土空间规划的调整程序进行调整。

包含：控制线之间形成了完全包含关系，重叠区域管控原则优先考虑被包含控制线的管控规则，且外围控制线的管控规则也要遵循。

综上，六条特色线、五条传承线、三条底线之间存在着包含、贯穿、相互独立等空间关系。其中，相对独立的控制线管控事权也互不干扰，而对于那些管控内容交叉重叠的控制线，要进行协调处理，并制定相应的政策制度来逐渐减少交叉重叠图斑，以达到国土空间管理内容清楚、管理边界明确、管理责权分明等目的。

（二）重要控制线体系的纵向传导关系

1. 纵向传导方式

（1）边界坐标传导

为了达到管控界限精确、管控事权清晰的目的，多数管控内容要划定精确的刚性控制线。这部分刚性控制线要划定详细管控的边界，并统一坐标系，以明确控制线的边界坐标。在向下的管控传导过程中，省、市、县、乡镇等各级政府要严格执行上一级政府划定的边界坐标，逐级向下传导管控边界，且保持坐标不变。各级政府在加入新管控边界的时候注意避让上一级政府核定的管控边界，尽量避免新划定的控制线与已有管控边界出现覆盖、交叉重叠等现象，导致管控内容重叠、事权不清等问题再次出现。最终形成"自上而下"的刚性管控传导模式。

（2）指标名录传导

需要国家、省域层面通过指标名录的方式进行管控传导，在省域层面可以划定的控制线主要包括永久基本农田保护红线、城镇开发边界、生态保护红线三条基础线，以及要跨行政区域的都市区绿线、区域基础设施走廊控制线和部分特色景观线。其中，基础三线的划定是省域国土空间规划的首要任务；后三者主要是涉及跨行政区管控，故需要省级划定。特色景观线除了要划定跨行政区域的特色风貌区外，也包含一些具有地方特色的文化景观区域。图斑相对来说较小，不宜在省级国土空间规划图纸中表达，要附相应的特色景观控制区域名录。名录要明确特色景观区的面积大小、地理位置、保护类型等要素，以便向市县级国土空间规划进行指标传导。其余无法确定或者划定的控制线参考相同方式，制定相应的指标名录，并给下一级的划定工作留有一定的弹性空间。该弹性空间也为各地发展诉求留有余地，保证"自下而上"的发展诉求得到响应，形成下级申请划定、上级根据指标目录审核的"自下而上"的弹性划定模式。做好控制线的管控传导系统。

（3）政策法规传导

控制线的划定、实施、监督都要配套相应的政策法规，政策法规作为"刚性"与"弹性"管控传导模式"上下联动"的纽带，须遵循"节约优先、生态优先、绿色发展、自然恢复"的管控政策导向，推动国土空间由规模驱动向存量挖潜、流量增效、质量提高转变。注重控制线的管控政策激励与约束并重，强化市场在资源配置中的决定性作用，促进资源要素合理有序流动，控制线政策重点弥补生态补偿、主观能动性不强、存量开发积极性不高等市场失灵领域。在控制线政策设计过程中，要注意以下两点：首先，强化控制线政策的协同作用，促使中央、省、市、县、乡镇、村等部门在控制线划定、实施、监管的过程中协同发力，将顺与其他区域政策的优先次序；其次，抓住与控制线的政策相关的财政、投资、产业、生态环境、自然资源等方面的政策，并制定绩效考核、生态补偿制度，以建立较完善的控制线管理制度体系来保障城镇化地区优化发展，提高综合竞争力，发挥市场能动作用以达到提升农产品主产区和重点生态功能区的公共服务水平的目的，推动生态经济发展，促进"两山"理论转化，力争实现优势互补高质量的发展格局。

2. 控制线传导理论框架构建

结合指标名录、边界坐标、政策法规三种控制线传导方式，对重要控制线在"五级"规划体系内的管控传导方式进行了系统梳理。明确了各层级政府在编制国土空间规划过程中要编制相应重要控制线的管控传导成果，以保障重要控制线在"五级"规划体系内的纵向传导。从各级政府编制的控制线管控传导成果来看，国家和省级的主要任务是制度宏观政策导向、明确城镇发展方向、划定"三生空间"保护性控制线；市级政府作为重要控制线划定和管控传导的关键层级，主要任务是根据上级政府要求落实、划实各条重要控制线，以指导、监督县级政府继续深入细化控制线的划定、管控和实施。乡镇、村级政府作为管控传导的最后一级，也是控制线体系实施落地的主战场，乡镇、村级政府应该严格执行控制线的管控规则，以保障国土空间规划落实到位，实现国家空间管控治理手段现代化。

五、控制线政策法规体系设计

从政治学的理论视角出发，控制线体系作为一种国土空间管理工具，也是空间管理，要考虑设计相关控制线管控政策来限制权力行使人的权力范围；同时控制线体系在运作过程中，由于被管理人来源于社会成员，从新制度主义理论视角出发，管理人与被管理人必须做到相互信任和合作，管理才能顺利运作，控制线体系才能作为一种被认可的管理工具进行运作。因此，在政策法规设计过程中就要建立公平公正的公众参与和公众监督环节，建构国土空间规划控制线体系的监管体系，以便于监督控制线体系的实施运作。

从规划实施逻辑的角度出发，控制线体系也是国土空间用途管制体系主要组成内容，控制线政策设计过程中，要考虑"五级三类"的国土空间规划体系的串联作用，明确各层级政府的责权范围，串联各级政府的多个相联结的决策，保障各级政府的政线法等与控制线体系相关的法律、法规和技术标准，为控制线体系划定、实施和监察的全过程提供保障，并制定相应的政策法规指导、审核、监督下级政府开展工作。省、市、县各层级要制定"特色六线"和分区分类相关管控的行政法规、地方条例和技术标准等，细化指标分解政策法规。在落实上级政府政策法规的同时，也要制定相应政策法规指导、审核、监督下级政府划定控制线；乡、镇、村主要是控制线体系政策法规的落实层面，只须按照上级政策法规进行操作即可。当然，传统规划体系对控制线的认知只存在于技术层面，政策文件还会出现"原则上""应该可以"等一系列表达方式，导致其处于被动运作的局面，甚至会为其他法规、行政管理和监管治理行为让步。

第二章　国土空间规划与统筹优化

第一节　区域国土空间规划编制理论与体系

一、区域国土空间规划编制理论

大力推进生态文明建设，优化国土空间开发格局，控制开发强度，促进生产空间集约高效、生活空间宜居适度、生态空间山清水秀，给自然留下更多的修复空间，给农业留下更多的良田，给子孙后代留下天蓝、地绿、水净的美好家园。一些重要流域、大都市连绵区、城镇群地区、海岸带地区以及重要资源富集地区，由于跨行政区国土规划的缺位，在开发建设部署上各自为政，也造成了资源浪费和环境恶化。因此，开展区域国土空间规划，在规划范围、资源环境约束条件、基础底图、基础数据和空间管制等方面进行整体的协调统一，对国土资源优化配置和集约高效利用、促进区域经济社会可持续发展具有重要意义。

（一）国土空间规划的概念定位

1. 国土空间规划的基本定位

第一种看法认为，国土是资源，是国家资源的总称，有的甚至把国家土地资源简称为国土资源。另一种看法认为，国土是国家主权管辖范围内的地域空间，是由各种自然要素和人文要素组成的地域空间。这些组成要素既是资源，也是环境。作为满足经济与社会发展的需要来看，国土是资源；作为提供人们工作、居住与生活的场所来看，国土是环境。对国土资源也存在狭义和广义的两种不同理解。狭义理解的国土资源仅指自然资源。广义理解的国土资源包括人文资源，历史积累的人造物质基础，以及资金、技术、信息、文化等社会资源，均可泛指为国土资源。以往我们过于重视自然资源而忽视人文资源，在迅速走向信息化和知识经济社会的 21 世纪，人文资源对国家和地区发展的重要作用将越来明显。

构成国土的自然资源和人文资源多数是可以移动的，即使是深埋地下的矿产资源经开发后也可向外输送，唯独土地资源不能移动，某些固定于一定土地的自然景观和重要工程设施等也难以移动。因而就这一角度而言，土地资源的确是最基本的国土资源。水是生命之源，地域空间的任何生物、生命都离不开水，而把大气的降水变成水资源又离不开土地，因而土地资源和水资源共同构成国土资源的重要物质基础。

国土资源与国土环境是可以相互转化的。在一定区域的国土上实现经济和社会的发展，要耗用大量当地或外来的物质资源，并排放出大量的废弃物，必然会对国土生态环境产生影响。但若对人文资源运用得当，采取有效的措施，不仅可减轻或避免生态环境的恶化，而且还可使生态环境得到一定程度的改善。因此，如果某些地区在开发过程中，重视对国土自然环境和人文环境的整治和优化，则将有利于吸引更多的外来资源，尤其是高素质的人才资源，以促进该地区更好的发展。

国土即为国土空间，是国家主权权利管辖下的地域空间，以土地资源和水资源为载体和平台，各项经济社会活动所依存，由土地、水、生物、矿物等各种自然要素和人口、建筑物、工程设施、经济技术与文化基础等各种人文要素所组成的实体，具有长、宽、高三维规定和不同职能的空间范畴，包括陆地、陆地水域、内水、领空和领海等。鉴于我国目前国土资源的开发现状，"国土空间"主要指陆地空间和海洋空间，其中陆地空间包含地上、地表、地下空间。

国土空间规划是从空间上落实区域发展战略和主体功能区战略的重要载体，是对一定时期内区域国土空间开发保护格局的统筹部署，是促进城乡区域协调发展、陆海统筹发展的重要手段，是规范区域开发建设活动秩序、实施国土空间用途管制的基本依据，具有战略性、综合性和约束性。

2. 国土空间规划的主要任务

国土空间规划的主要任务主要涉及八个方面：

第一，构建系统完备、功能突出的生态产品供给空间体系。

第二，建设绿色安全、品质优秀的农产品供给空间。

第三，构筑高质高效、区域协同的城乡生产生活产品供给空间。

第四，规划立足自身、显化优势的重要矿产能源产品供给空间。

第五，建设集约高效、功能互补的交通等基础设施网络空间。

第六，提供彰显文明、体现魅力的历史文化产品供给空间。

第七，形成陆海协调、开发保护得力的海岛海岸绿色发展带。

第八，建立和谐稳定、逐步繁荣的边境国土空间发展带。

3. 国土空间规划的地位

国土空间规划与国民经济发展规划、城市规划、有关部门规划、土地利用规划等之间的关系，应从三个方面去认识。一是全国国土空间规划，应该是最高层次规划；二是区域国土空间规划，协调区域国土空间范围内各部门各层级政府政策，统筹安排区域空间开发、优化配置国土空间、调控经济社会发展，既具有系统性、综合性，又具有明显的地域性；三是不同地域的规划，各有侧重，是一种互为补充、相辅相成的关系，它们各有各的出发点、各有各的侧重点。当然，在编制规划过程中，必须做好相互之间的协调。所以，国土空间规划的内容不能格式化、固定化，主要应体现时代特点、地区特点，注重解决实际问题。

（二）空间规划体系的基本概念

1. 空间规划体系的相关概念

（1）空间

空间是与时间相对的一种物质客观存在形式，但两者密不可分，按照宇宙大爆炸理论，宇宙从奇点爆炸之后，宇宙的状态由初始的"一"分裂开来，从而有了不同的存在形式、运动状态等差异，物与物的位置差异度量称为"空间"，位置的变化则由"时间"度量。空间由长度、宽度、高度、大小表现出来。通常指四方（方向）上下。

（2）国土空间

国土空间是指国家主权与主权权利管辖下的地域空间，是国民生存的场所和环境，包括陆地、陆上水域、内水、领海、领空等。

（3）空间规划

空间规划主要由公共部门使用的影响未来活动空间分布的方法，它的目的是创造一个更合理的土地利用和功能关系的领土组织，平衡保护环境和发展两个需求，以实现社会和经济发展总的目标。

（4）空间规划体系

空间规划体系是以空间资源的合理保护和有效利用为核心，从空间资源（土地、海洋、生态等）保护、空间要素统筹、空间结构优化、空间效率提升、空间权利公平等方面突破，探索"多规融合"模式下的规划编制、实施、管理与监督机制。空间规划体系是打破部门藩篱和整合各部门空间责权，从社会经济协调、国土资源合理开发利用、生态环境保护有效监管、新型城镇化有序推进、跨区域重大设施统筹、规划管理制度建设等方面着手建立的空间规划。

2."三生空间"的相关概念

（1）土地功能

土地的生产功能是指将土地作为劳作对象直接获取或以土地为载体进行社会生产而间接产出各种产品与服务的功能。直接生产功能主要包括食物生产、原材料生产和能源矿产生产等。间接生产功能主要包括商品与服务生产。

土地的生活功能是指土地在人类生存和发展过程中所提供的各种承载空间以及为人提供的保障功能。其中，空间承载功能主要包括提供居住空间、移动空间、公共空间等；保障功能主要包括物质生活保障和精神生活保障。

土地的生态功能是指土地本身作为生态系统以及土地参与生态过程中所形成改善人类生存的自然条件、调节人与自然的关系所发挥的功能，主要包括生态要素提供和人地关系调节两大类。其中，生态要素提供主要包括土壤形成与保护、水源涵养、气体供给等内容；人地关系调节则包括废物和污染控制、生物多样性维持、气候调节等方面。

生产功能、生活功能和生态功能是土地资源所能够被利用的三大不同方向，这恰恰对应了人类利用土地所希望获取的经济效益、社会效益和生态效益三个维度。

（2）"三生空间"

对应于土地资源的生产、生活和生态功能的国土空间可被划分为三类，即生产空间、生活空间和生态空间。

生产空间是土地作为生产要素来获取产品与服务，以提供经济产出为主要功能的空间，主要包括农业、工业、商业、服务业等空间。

生活空间是为人类的基本生存和发展提供承载，以满足安居需求为主要功能的空间，主要包括住宅及配套设施等。

生态空间是发挥调节人地关系的作用，以提供生态系统服务为主要功能的空间，主要包括水域、森林、草原、湿地等。

二、国土空间分类体系构建

（一）现有国土分类体系概述

国土分类是区分国土空间组成单元的过程。这种空间地域单元是国土空间的地域组合单位，表现人类对国土空间开发、利用、改造的方式和结果，反映国土空间利用的形式和用途。国土分类是为国土资源调查或进行统一科学土地管理服务的，从国土空间现状出发，根据国土空间的地域分异规律、国土空间用途、国土空间利用方式等，将一个国家或地区的国土空间按照一定的层次等级体系划分为若干不同的国土空间类别。一般来说，我国当前的国土分类体系包括土地利用现状分类、城市用地分类和主体功能区分类体系等内容。这些国土分类形式，由于其标准和含义不完全统一，造成在国土资源调查和统计上口径不一，部门之间数据矛盾很大，给国土空间规范化管理和国家宏观管理科学决策带来不利影响。实现国土分类标准统一，将避免各部门因分类不一致引起统计重复、数据矛盾、难以分析应用等问题。以下将着重阐述当前的土地利用现状分类和城市土地分类的基本情况及其与主体功能区分类的衔接，便于实现国土空间综合功能分区结果与其他各类分区成果之间的融合。

主体功能区分类是以提供主体产品的类型为基准，按照开发内容分为城市化地区、农产品主产区和重点生态功能区。城市化地区是主要以提供工业品和服务产品为主体功能的地区，也提供农产品和生态产品；农产品主产区是以提供农产品为主体功能的地区，也提供生态产品、服务产品和部分工业品；重点生态功能区是以提供生态产品为主体的功能区，也提供一定的农产品、服务产品和工业品。主体功能区体现了"生产、生活和生态""三生空间"的重要思想，主体功能区规划的具体分类包括：农业生产空间、农村生活空间、城市建设空间、工矿建设空间、生态空间。

（二）国土空间分类的内涵

"三生空间"是生产空间、生活空间和生态空间的统称，从主体上又可以分为城市空间和农村空间。生产空间是指输出产品的国土空间，包括农产品、工业产品、旅游产品等输出产品形式；生活空间是指提供居住、消费、休闲和娱乐的国土空间，具体形式有居民点、购物中心、度假区等；生态空间是指能够缓解环境恶化、提供生态屏障的国土空间，一般是处于宏观稳定状态的某物种所需要或占据的环境总和。优化国土空间开发格局的深层含义就是要优化"三生空间"开发格局，构建生产空间、生活空间和生态空间的发展模式，因此，国土空间三生分类对指导区域均衡和可持续发展具有重要的战略意义。

（三）国土空间三生功能特征

国土空间三生分类是依据国土空间的功能特征进行划分的，不同国土空间功能分类体现出的功能是描述和诠释某一特定国土空间利用现状和特征的基础。对于具备多功能性的国土空间如何确定其功能定位和发展方向也是一个要解决的问题。任何有人类活动的国土空间都同时发挥着生产功能、生活功能和生态功能的作用，这三类功能可以定义为国土空间三生的一级功能。进而国土空间的多功能性可以从"三生空间"的角度加以概括，从生产角度看，主要体现为农产品生产功能、工业产品生产功能、服务业产品生产功能等方面；从生活角度看，主要体现为空间的居住保障功能；从生态角度看，主要体现出生态服务功能，这五类可以归纳为国土空间三生的二级功能。在二级功能的基础上进一步细分，得到十项国土空间三生的三级功能形式。农产品生产功能包括农产品供给功能、林产品供给功能、畜产品供给功能、水产品供给功能；工业生产功能包括工业产品供给功能和矿产资源供给功能；服务业产品生产功能包括服务产品供给功能；居住保障功能包括城市居住功能和农村居住功能；生态服务功能主要体现在国土空间的生态调节功能方面。

（四）基于三生功能的国土空间分类体系

针对当前土地分类体系空间功能性表征不足、"多规"之间分类体系不衔接等问题，以土地规划和城镇规划土地分类体系为基础，构建了一套服务于多规融合的国土空间分类体系，实现了建设与非建设空间、城镇与乡村空间、生产生活生态保障空间等不同尺度空间分类层次明确、粗细结合，与现有不同土地分类体系衔接弹性有序、不重不漏，解决了多规融合视角下不同分类体系内涵表征不统一、分类标准难过渡等核心问题。

国土空间分类体系构建遵循以下三条原则：

第一，分类范围：国土空间全域覆盖，不重不漏。

第二，分类目标：综合考虑国土空间利用与管控的多重问题与需求。

第三，分类层级：采用多级分类体系，高层级的类别设置将反映相对重要的国土空间管控意图，以形成合理的国土空间秩序。

第二节　国土空间格局演变模拟方法

一、土地利用变化

土地是人类赖以生存与发展的重要资源和物质保障，在"人口—资源—环境—发展"复合系统中，土地资源处于基础地位。土地利用反映了人类与自然界相互影响与相互作用最直接和最密切的关系，人类在利用土地促进社会经济发展的同时，也引起土地利用的变化，并对生态环境产生了巨大影响。土地利用变化是人类活动与自然环境相互作用最直接的表现形式，土地利用变化的空间格局表征了人—地关系在不同地域空间上的作用强度与作用模式。土地利用是人类主要的生产活动方式，而土地利用变化则是土地利用活动过程的外在表现，是人类利用土地的自然属性和社会属性不断满足自身发展需要的动态变化过程。土地利用是指土地上的人类活动及土地被利用的目的。现代地理学辞典中将土地利用定义为人类根据土地的自然特点，按照一定的经济、社会目的，采取一系列生物、技术手段，对土地进行长期性或周期性的经营管理和治理改造活动。

土地利用是人类根据自身和社会发展需要以及土地资源的自然特性对土地使用与改造的社会经济行为。土地利用既受自然环境的影响，也受社会、经济、技术和历史文化的影响，具有很强的综合性和地域性。土地利用的实质就是人与自然关系的一种反映。它反映了人类与自然界相互影响与相互作用的最直接、最密切的关系。人类在利用土地以促进社会经济发展的同时也使土地覆被产生了变化，并对整个生态系统产生了很大的影响。因此，国际土地科学对土地利用活动、对生态和环境影响乃至整个地球的环境恶化都进行了越来越深入的研究。目前，土地科学呈现出以土地利用/土地覆被变化（LUCC）研究为中心，结合土地质量指标体系、土地资源系统评价及土地可持续利用的综合性、系统性的发展趋势。

土地利用的变化与资源、环境和社会经济发展密切相关。加强区域土地利用动态变化与社会经济发展关系的研究，有助于我们了解土地利用的动态趋向，并通过调整人类的经济活动促使区域土地利用走向合理化发展，以便达到区域经济发展水平的提高和土地可持续发展的双重目的。

进入 20 世纪 90 年代以来，随着人口、资源和环境问题的日益突出，面向解决全球环境变化和可持续发展领域的若干重大问题，土地利用/土地覆盖变化（LUCC）研究受到国际社会的重视。提高对土地利用和土地覆盖变化动态过程的认识，提高对土地利用和覆盖变化的预测能力，具体包括四个目标：一是更好地认识土地利用和土地覆盖变化的驱动力；二是调查和描述土地利用和土地覆盖动力学中的时空分布性；三是确定各种土地利用和可持续性间的关系；四是认识土地利用土地覆盖变化、生物地球化学和气候之间的相互关系。

二、土地利用景观格局

土地利用景观格局是指景观的空间结构特征，是景观组成单元的类型、数目及空间分布与配置。通过选择的景观格局指数对景观格局的定量描述，反映景观格局的结构组成和空间配置。

景观格局指数是定量描述景观格局演变及其对生态过程影响的重要方法，自20世纪80年代开始，越来越多的景观指数格局被提出和得到应用，同时对景观指数的分类也出现过多种标准和方法。现在运用最多和最普遍的分类标准是从景观生态学的基本原理出发，按景观格局指数描述的景观对象的结构层次，将景观格局指数分为斑块水平、类型水平和景观水平三大类，由于对斑块的分析常常是以类型为单位分析某类型景观的斑块特征，因此往往在实际中对景观格局指数的使用可以简化为描述景观类型的指数和描述景观总体特征的指数两大类。

三、国土空间格局演变模拟方法概括

国土空间格局演变模拟最关键部分是建立一个完善的、合理的、符合研究区域实际情况的土地城镇化空间格局演变研究规则，而规则研究的直接目的就是建立研究模型。模型不仅有助于对基本过程的研究，提供人类和自然扰动对未来国土空间格局变化影响的定量认识，而且对于理解和预测土地城镇化的格局和过程具有不可代替的作用。

国际上，较常见的国土空间格局演变模型主要分为两类：

第一，土地城镇化总量变化模拟模型。该类模型主要是用于模拟某一区域在某一时段各类国土空间类型的面积变化，并推演或预测研究区域在未来一时间段中国土空间利用类型的总面积，其局限性是模型无法模拟国土空间利用类型在空间上的分布变化。

第二，土地城镇化空间分布格局模拟模型。与第一类注重面积数量上研究模型不同，该类模型主要用于模拟某一区域土地城镇化空间分布格局的变化，是理解研究区域内土地城镇化变化过程的重要方法。

（一）国土空间总量变化模拟

数量模型注重以各土地利用类型数量变化过程及其相互关系为依据，建立用以模拟总量变化的模型，其缺点是无法反映各地类在空间上的分布和位置。目前常见的数量变化模型有马尔科夫链模型、灰色预测模型、系统动力学模型以及人工神经网络模型等。

1. 马尔科夫链模型

马尔科夫链模型作为描述随机过程的有效方法，广泛地应用于土地利用演变模拟的研究中。马尔科夫链模型的主要思想是利用过去某段时期的土地利用数据，计算各种类型土地利用相互转变的比例当作其转变概率，推测不同阶段的土地利用状况。通过马尔科夫模型可对未来年份土地利用数量进行有效的模拟与预测。但是该模型适用于随机过程，要求土地利用数据的变化具有平稳性，而土地利用演变过程中受各种自然、社会经济因素影

响，土地利用数据的变化有较大的波动性，土地利用变化数据固定不变是很难的。

2. 灰色预测模型

灰色预测模型是一种时间序列预测的方法，该模型基于数理统计理论。灰色预测模型通过将随机数转化为有规律的时间序列数据，建立微分方程后实现预测灰色预测模型，比较适用于对土地利用数量变化进行短期预测。

3. 系统动力学模型

系统动力学 SD 模型是建立在控制论、系统论和信息论基础上研究反馈系统结构、功能和动态行为的一类模型，其突出特点是能够反映复杂系统结构和功能与动态行为之间的相互作用关系，对复杂系统进行动态仿真实验，从而考察复杂系统在不同情景（不同参数或不同策略因素）下的变化行为和趋势，提供决策支持。当前，国内外众多研究者的工作已经表明，系统动力学模型能够从宏观上反映土地系统的复杂行为，是进行土地系统情景模拟的良好工具。但总的来看，在典型区建立关键驱动因素反映未来发展情景，进行土地系统情景模拟，从而评估土地系统潜在生态效应的系统动力学模型还比较少见和缺乏。

4. 人工神经网络模型

人工神经网络是一门崭新的信息处理科学，是用来模拟人脑结构和智能的一个前沿研究领域，因其具有独特的结构和处理信息的方法，使其在许多实际应用中取得了显著成效。近年来，由于神经科学、数理科学、信息科学、计算机科学的快速发展，使得研究以大脑工作模式，非程序信息处理的人工神经网络成为可能。人工神经网络无须构建任何数学模型，只靠过去的经验和专家的知识来学习，通过网络学习达到其输出与期望输出相符的结果。目前，人工神经网络主要用来处理模糊的、非线性的、含有噪声的数据，已经在许多研究领域得到广泛的应用，如智能控制、模式识别、风险预测、环境质量预测和组合优化等领域。

在土地利用规划研究及应用领域，人工神经网络研究得相对较少，仅有的这方面研究更多地体现在土地适宜性评价方面，而对土地利用结构优化、土地利用规划方案评价、土地需求量预测等方面的研究较少。人工神经网络是未来定量研究的一项主要模型方法，在土地利用规划中除了目前研究和应用比较成熟的土地适宜性评价、土地质量评价等领域外，还可以应用到土地利用结构优化、规划方案评价、土地需求量预测等研究与应用方面，甚至将人工神经网络模型与 GIS 技术结合起来，进一步扩展 GIS 空间分析功能，将人工神经网络研究成果应用到土地利用规划的空间优化、布局与评价工作，实现土地利用规划的定量、定性、定位和定序等。

（二）国土空间格局演变模拟

1. 元胞自动机模型

元胞自动机模型具有强大的空间运算能力，可以有效地模拟复杂的动态系统。近年来，元胞自动机模型被越来越多地应用于城市增长、扩散和土地利用演化的模拟研究中并取得了许多有意义的研究成果，表明元胞自动机模型可以比较有效地反映土地利用微观格局演化的复杂性特征。但是，作为一种自下而上的模型方式，元胞自动机模型主要着眼于单元的局部相互作用，单元状态变化主要取决于自身和邻居单元的状态组合。尽管它可以在一定程度上反映土地利用系统的复杂行为，但对影响土地利用变化的社会、经济等宏观因素往往难以有效反映。而实际上，土地利用变化往往是不同尺度的自然和人文因素综合作用的结果，如何把自下而上的元胞自动机模型与其他空间模型，特别是经济学模型相互耦合来进一步提高元胞自动机模型对土地利用复杂系统的表达能力，是当前基于元胞自动机模型的土地利用模型非常值得关注的问题。

2. 基于 Agent 模型/多智能体

基于 Agent 模型是随着复杂科学理论的出现而出现的一种研究方法。复杂科学理论指出，复杂系统中大量的微观主体（Agent）之间随时间的推移相互作用能够在系统宏观尺度上凸显新的结构和功能，局部的规则转换可以导致系统宏观全局的变化。例如，关注数量众多的这种主体，聚在一起而产生的宏观现象，虽然元胞自动机模型和基于 Agent 模型都可以模拟空间复杂系统，但是在元胞自动机模型中，能动的微观个体（细胞）的状态仅仅取决于邻域的状态和转化规则，而非周围能动微观个体直接作用的结果，基于 Agent 模型则可以直接模拟系统中具有能动性、适应性的微观个体的局部决策和相互作用，从而表达宏观空间结构的自组织过程，很多研究者将基于 Agent 模型引入土地利用/土地覆被变化研究中来探索"人地关系"中"人"的作用，做到了将人类行为与土地变化结合起来。基于 Agent 模型的最大优点在于可以从微观方面解释土地利用变化细节，并且可以模拟决策者、制度以及自然环境之间的相互作用。基于 Agent 模型所遇到的主要限制和挑战是需要详细的、较为系统的数据来构建分析模型，模拟土地利用的决策行为并验证模型，但是通过遥感等手段得到的土地利用/土地覆被变化的结果往往在精度方面并不能满足模型要求。

3. IMAGE 模型

IMAGE（Integrated Model to Assess the Greenhouse Effect）模型是一个全球综合系统，

能相对准确地模拟土地利用变化，该模型的核心是一个土地利用变化模块，该模块由农产品需求变化驱动。该模型的总体目标是在全球能源和农业系统中，以一种明确的地理关系形式，将人类活动与气候及生物圈的变化联系起来，试图为构造全球变化模型提供一个框架，该框架包含农产品需求、植被变化、土地利用变化和温室气体交换等方面。

4. GTR 模型

GTR 模型（Generalized Thunen-Ricardian）是由传统杜能模型发展而来，该模型的主要影响因素是研究区域的城市化水平。同时，该模型也考虑了研究区域的自然条件。其中，Thunen 成分表示研究区域的城市化水平，包括城市中心人口分别到城镇与村庄之间的距离。Ricardian 成分表示自然影响因子，包括研究区域的海拔和坡度。Zhou Yushuang 等在研究中国东部地区耕地演变时，考虑到农村发展的影响，并将其作为土地利用变化的驱动因子，进一步扩展了 GTR 模型。该模型的出发点是以获得最大的经济效益回报为土地利用的最高目标，偏重于经典的经济分析，而忽视了土地利用与土地覆被变化的内在机制，具有一定的局限性。

第三节　区域国土空间规划编制技术与探索

一、区域国土空间规划编制技术

（一）规划目标比选技术研究

1. 基本原则

（1）考虑区域国土空间规划的目的和要求

区域国土空间规划是以区域为基本评价单元，通过对单元的资源环境承载能力、现有开发密度和发展潜力进行综合评价，提出单元的空间发展定位。所以，指标选择要注意区域能够统计的指标和区域经济社会活动能够直接影响的指标。

（2）与相关指标体系尽可能衔接的原则

为了有效开展区域国土空间规划编制，应注意多类规划指标体系上的衔接同时，从区域国土空间规划的基本概念出发，充分反映社会经济、空间管控、资源环境等指标。

（3）指标选取的综合性与突出重点相结合的原则

作为区域国土空间规划，不同于过去的国土规划、土地利用总体规划、主体功能区规划、城镇体系规划、生态保护规划等规划，要考虑更广泛的、更综合性的指标。同时要突出指标的重点，关键是围绕更好地处理主观与客观、现状与发展、自然和人文、开发与保护等各种关系，选择重点的约束性指标，建立必要的选取准则。

（4）指标对应数据的可比性与可得性原则

在拟采用的指标体系中，应尽量选取可比性较强的相对量指标和共性指标，确保在时空上具有可比性。指标的选取和设定应充分考虑数据的可获得性，做到每个指标的内涵设定明确、信息来源可靠、数据采集方便、统计口径一致、核算方法规范等，确保指标评价结果的客观性、公正性，据此形成的指标体系才能被各方认可和接受。

2. 比较选取国家政策引导的相关指标

完善基本农田保护制度，划定永久基本农田红线；完善耕地占补平衡制度，对新增建设用地占用耕地规模实行总量控制；完善最严格的水资源管理制度，健全用水总量控制制度；建立天然林保护制度，将所有天然林纳入保护范围；建立草原保护制度，实行基本草原保护制度；建立湿地保护制度，将所有湿地纳入保护范围；建立沙化土地封禁保护制度，将暂不具备治理条件的连片沙化土地划为沙化土地封禁保护区；健全海洋资源开发保护制度，实行围填海总量控制制度。加快建设主体功能区，防治城市病，逐年减少建设用地增量；全面节约和高效利用资源，实行能源和水资源消耗、建设用地等总量和强度双控行动；加大环境治理力度，将细颗粒物指标列入约束性指标。

（二）规划布局优化技术研究

1. 基本原则

基于"三生空间"统筹协调和有效利用的基本理念，以土地城镇化过程中空间布局调整和产业、人口转移同步协调发展为目标，在土地城镇化质量评价、资源环境承载力评价、建设用地开发适宜性评价研究成果的基础上，针对"三生空间"布局调整优化的关键技术问题进行研究。

2. 生态空间布局优化

（1）生态空间布局优化的内涵

生态空间布局优化是以空间为对象的格局调整与再造，主要是空间分析方法和空间对象概化方法。根据研究区域生态服务重要性和生态环境敏感性评价结果，识别区域生态安全格局的"源地"；采用最小累积阻力模型测算源地间景观要素流通的相对阻力，建立生态源地扩张阻力面；进而识别缓冲区、源间廊道、辐射道及生态战略节点等其他生态空间组分，优化区域生态空间格局。

（2）生态源地的识别

生态源地是指维护区域生态安全和可持续发展必须加以保护的区域，一般由生态服务较重要、生态敏感度较高的自然生态斑块组成。依据研究区主要生态系统服务功能与生态敏感性特征状况，结合数据可获取性、客观性等原则，选取相关指标进行生态服务重要性及生态环境敏感性评价，以识别生态保护源地。

生态服务重要性评价，选取研究区最为重要的土壤保持、水源涵养、生物多样性维持和固碳释氧四类生态系统服务功能作为评价因子。其中，土壤保持通过修正的通用土壤流失方程计算潜在土壤侵蚀量与实际土壤侵蚀量的差值获得；水源涵养采用降水贮存量法估算；生物多样性维持服务采用生物多样性服务当量表示；固碳释氧由 NPP 数据表示。采用自然断点法，将上述服务功能计算结果分别划分为 5 级并赋值 1~5，赋值越大表示生态服务越重要；将分级后的 4 类因子进行等级叠加，对其结果仍采用自然断点法划分为一般重要、较重要、中度重要、高度重要和极重要 5 个等级，获得生态服务重要性评价结果。

生态环境敏感性评价，选取植被覆盖度、高程、坡度、土地利用类型及土壤侵蚀强度等 5 类指标作为评价因子。其中，土壤侵蚀强度用来表示研究区生态环境最为突出的水土流失敏感性，其值基于修正的通用土壤流失方程计算并分级得到。基于层次分析法确定的权重，对上述 5 类因子敏感性赋值结果进行加权运算，并使用自然断点法划分为不敏感、轻度敏感、中等敏感、高度敏感和极度敏感 5 个等级，获得生态环境敏感性评价结果。

最后，提取生态服务重要性评价中高度重要及极重要级别、生态环境敏感性评价中高度敏感及极敏感级别，作为研究区的生态保护源地。

（3）生态源地最小累积阻力面的建立

基于 ArcGIS 系统，采用最小累积阻力模型，通过计算生态源地到其他景观单元所耗费的累积距离，以测算其向外扩张过程中各种景观要素流、生态流扩散的最小阻力值，进而判断景观单元与源地之间的连通性和可达性。因景观覆盖类型、地形坡度是制约生态源地向外扩张的主要阻力来源，而生态环境敏感性等级与生态源地扩张过程密切相关，故依据研究区主要生态环境特征，选取地形位指数、土地利用类型、土壤侵蚀强度等 3 个因子作为阻力因子，分别设置相对阻力值，并基于层次分析法确定的权重，加权求和计算生态源地向外扩张的累积耗费阻力。其中，各因子相对阻力值越大，则生态源地向外扩张的阻力越大；反之越小。

（4）区域生态空间安全格局的构建

在生态源地扩张阻力面建立的基础上，通过分析其阻力曲线与空间分布特征，识别生态源地缓冲区、源间廊道、辐射道及关键生态战略节点等其他生态安全格局组分，构建区域生态安全格局。其中，生态源地缓冲区根据最小阻力值与其面积的关系曲线，基于阈值限定划分得到，结果包括高、中、低三个不同安全级别；源间廊道与辐射道分别依据生态源地之间、以生态源地为中心向外辐射的低累积阻力谷线得到；关键生态战略节点则主要是阻力面上相邻两生态源地间等阻力线的切点及源间廊道与等阻力线的交点。

（5）区域生态空间布局优化的设计

基于区域生态安全格局的构建，识别主要生态安全格局组分并分析其空间分布特征，依据研究区自然地理特征及当前土地利用现状，对各组分要素进行空间优化重组，实现对研究区生态空间结构的优化布局。以识别的生态源地作为约束条件，依托地形地貌特征构筑生态安全屏障，划分区域内部生态主体功能分区；以主要河流水系、道路交通为轴线，辐射识别的源间廊道及辐射道，连通主体功能分区，构建区域生态廊道网络体系；以不同安全级别缓冲区景观类型为生态基质，统筹主要城市发展组团，结合关键生态战略节点，强化生态城市发展组团及绿心生态保护建设。通过绿心组团、廊道网络、生态功能分区等"点—线—面"生态空间结构要素的优化重组，构建一个多层次、复合型"绿心廊道组团网络化"区域生态空间结构体系。

3. 城镇空间布局优化

（1）城镇空间布局优化的内涵

城镇空间布局是指不同等级规模城镇在相对完整的区域内的组合形式、空间分布位置及其空间联系，是城镇体系的重要构成部分，是维持城镇体系整体性的主要载体。目前研究主要集中在城镇体系空间演变、空间结构特征、空间分布特征、动力机制研究、城市空间相互作用、空间发展战略研究等方面。研究方法上，虽仍以定性研究为主，但已有许多学者在定量研究方面开始尝试，且主要集中在对地级市等城市体系的宏观研究上。

（2）城镇空间密度分析法

城镇分布的疏密状况是空间布局结构的最直接表象，采用城镇密度的差异来分析区域内城镇分布的疏密；人口密度是反映城镇人口密集程度的指标。密度的一般计算公式为：

$$\rho = r/R$$

式中：R 为区域面积；r 为城镇数量或人口数量；ρ 为城镇密度或人口密度。

（3）城镇体系分形理论

城镇体系在一定的空间范围内会呈现随机集聚的特征，采用分形理论中集聚维数可以得出城镇体系中城镇到中心城市的集聚程度，公式为：

$$R_s = \left(\sum_{i=1} r_i^2 / s \right)^{1/2}$$

式中：s 为城镇数量；r_i 为第 i 个城镇到中心城市的距离；R_s 为平均半径，其中 $R_s \propto s^{1/D}$，D 为聚集维数，反映城镇围绕中心城市随机聚集的特征。

（4）区域城镇空间布局优化的设计

选取区域样本集，分析城镇存在密度分布不均，城镇密度与人口密度分布形态高度吻合，人口规模直接影响和制约城镇的空间分布，城镇密度与人均生产总值分布形态差异较大，城镇的经济发展水平对城镇的空间分布影响较小，城镇呈中心指向性集聚现象，同时选取区域土地面积、总人口、工业总产值、生产总值占全省同类指标的比重，计算区域相对于各项因子的不平衡指数。根据区域城镇体系的空间分布现状、自组织演化趋势、城镇化发展不平衡导致的区域差异，在推动城市现代化、城市集群化、城市生态化、农村城镇化以及全面提升城镇化质量和水平的新型城镇化的基础上，构建"核—轴—节点"城镇发展格局，优化城乡聚落空间。

4. 产业空间布局优化

（1）产业空间布局优化的内涵

产业空间布局就是结合区域产业特点，围绕区域优势进行产业价值链的空间"片段化"分布以及核心价值活动功能定位与协同发展的过程。区域产业空间布局优化要突出三方面内容：一是布局的产业为国家或区域确定的主导性或先导性产业，体现新兴产业和新兴技术的融合，要顺应产业未来发展的方向；二是产业布局要体现产业地域特色优势；三是围绕区域优势进行价值活动功能定位以及区域间价值活动协同发展。

（2）产业空间布局指标选择

产业空间布局虽然受多方面因素如历史基础、技术条件和环境要素的综合影响，但有其特殊性，首先，产业规模水平是占据主干产业价值环节的关键；其次，产业创新能力在很大程度上决定了产业发展潜力；再次，外向度作为衡量产业发展国际化程度的重要指标，在产业空间布局中影响作用突出，反映了产业对外技术产品、服务交流的程度；最后，是导向性，产业具有显著的经济与政策环境导向性，是政府政策的指南针和未来经济发展的风向标，区域经济水平、区域政策、法律与制度等环境因素对产业空间布局规划也产生深远的影响。结合可比性、数据可获得性、科学性等原则，围绕规模实力、创新能力、外向度和发展环境四个维度构建产业空间布局指标。

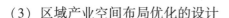

（3）区域产业空间布局优化的设计

产业空间布局方法要体现"物以类聚、分类管理"的思想，将同类产业优势特色的区域进行分类，相同优势选择相同价值功能，围绕优势互补进行空间协同与价值功能布局。一是由于受发展周期、资源、政策等因素的综合影响，可能导致区域内产业发展水平差异较大，要找出最能代表区域产业总体发展水平的样本；二是经数据收集与处理，计算出类内样本以及类与类之间的离差平方和，并根据同一类中样本之间的离差平方和较小，而类与类之间的离差平方和较大这一原则，判断样本分类工作是否科学、合理，并将所选样本划分成 N 类；三是根据产业价值链理论，在样本聚类的基础上，结合样本所在区域特点以及具体指标特征分析，对样本进行相应的空间分类与价值功能布局，最终构建"核—带—集群"的产业发展格局。

5. 保障空间布局优化

（1）保障空间布局优化的内涵

随着土地城镇化进程的不断加快，区域国土空间利用在土地、资源、交通、环境等方面将面临越来越大的压力，积极探索重大保障设施（铁路、市域轨道、航道与港口、高速公路、快速路、城市轨道灯）与城镇空间、产业空间、生态空间发展的互动关系，优化保障空间布局对各类国土空间发展的支撑和引导，促进"三生空间"集约化、高效率、可持续发展。

（2）保障空间与城镇空间的协调性分析

城镇空间形成的规模、形态在很大程度上决定于其依托的各类基础保障设施的方式，而城镇空间的发展又不断对保障空间提出更高的要求，影响着城镇保障空间的发展方向、规模和速度，而保障设施方式的变革和交通可达性的提高又会引导城镇空间的进一步演变，城镇空间与保障空间系统之间存在着复杂的动态互馈关系。保障设施建设通过改变可达性和出行成本影响城镇用地性质与开发强度、城镇空间结构与布局、城镇产业类型与布局。城镇空间演变通过改变保障需求强度、距离和分布等影响保障设施方式、网络布局、总体规模。城镇空间建设应从外延扩展转向调整优化，特别是超大城市、特大城市的中心地区应严格控制城市建设规模，完善分散组团式的布局，加快形成中心地区核心功能集聚、边缘集团功能完善的良好格局。

（3）保障空间与产业空间的协调性分析

保障空间与产业空间协调发展策略重点考量产业空间结构，包括产业集聚点、产业发展轴线、产业集聚区、产业点（线、面）间的连接网络口依托区域，各类城市组团和重要交通节点如铁路站、轨道交通换乘枢纽站等，充分整合利用资源、交通条件、区位等要素的作用，形成新的不同规模和类型的产业集聚点。通过高速公路、城市轨道等具有新的有利条件的交通线形成产业发展轴线，吸引产业和人口向交通线两侧集聚，满足产业集聚点之间不断强化的联系需求。通过保障网络（包括主干高速公路、铁路、水运及能源输送线路）实现产业点（线、面）间大量的人流、物流的传递。

（4）区域保障空间布局优化的设计

通过分析区域交通、能源、水利、信息等网络建设的现状，研究区域内保障空间与城镇空间、产业空间的协调性，优化重点项目的建设位置、路径等布局，构建安全、便捷、高效、绿色的基础保障空间体系。实现基础设施衔接顺畅、技术装备先进适用、保障服务安全高效、行业管理规范有序，促进"三生空间"有效利用，为推动区域持续健康发展提供重要的基础设施保障。

（三）规划时序安排技术研究

1. 时序安排原则

（1）效益标准

效益与技术理论密切相关，常常按产品或服务的数量或它们的货币价值来计量。例如，核电站比太阳能设置产生更多的能量，前者被认为更有效益。因为它生产了更多的价值。假设优质的健康保健是目标的话，那么，一项有效的健康政策就是为更多的人提供更好的优质服务的政策。同理，假设同是修建公共设施，设施 A 比设施 B 能够服务更多的用户，那么修建设施 A 被认为更有效。效益标准中除了要计量服务的数量或者它的货币价值外，也要考虑它所产生的外部效应。

（2）效率标准

指为产生特定水平的效益所要付出的努力的数量，是指效益与努力之间的关系，后者通常用造价计算，效率的计量方法由单位产品服务的数量计算。用最低的成本实现最大效益的政策被认为最有效率。

（3）充分性标准

充分性标准主要明确的是政策方案和有价值的结果之间关系强度的期望。充分性针对不同的政策问题的类型，主要涉及固定成本和变动效益、固定效益和变动成本、变动成本和变动效益、固定成本和固定效益等四类问题。

（4）公平性标准

指效果与努力在社会不同群体之间进行分配的情况，它与法律和社会理性密切相关。公平的政策是指效果（如服务的数量或货币化的收益）或者努力（如造价）被公平或公正地分配。通常涉及对人、教育机会或公共服务进行重新分配的政策的根据就是公共标准，体现为个人福利最大化、保障最低福利、净福利最大化、再分配福利最大化等多个方面。

（5）回应性标准

回应性是指政策满足特定群体的需要、偏好或价值观的程度。这个标准的重要之处在于，分析人员可能满足其他所有的标准——效益、效率、充分性、平等，却仍然不能对可能从政策中获益的某个群体（如老年人）的实际需要做出回应。一项方案可能实现了设施的公平分配，但是对特定群体（例如老年人）的需要却没有回应性。回应性标准可以体现效益、效率、充分性、公平性，标准是否准确反映了特定群体的需要、偏好和价值观。

2. 时序安排的适用范围

（1）安排建设时序的评价标准

在国土空间规划的过程中，从国土空间规划在国土空间发展方向、建设安排等方面做出的种种选择，直至国土空间规划在社会发展过程中究竟发挥了什么作用，这种作用的效果如何，都直接影响并决定了国土空间规划在社会建制中的作用和地位，也决定了社会对国土空间规划的认识。

而就国土空间规划自身来说，通过规划评价可以全面地考量国土空间规划做出的这些选择究竟得到了什么样的效果，是否符合国土空间发展的目标和实际需要，是否达到了社会的意愿，是否符合国土空间规划作为公共政策的效率、公平、公正等的基本准则，而通过对国土空间规划实施的结果和过程的评价，也可以有效地检测、监督既定规划的实施过程和实施效果，并在此基础上形成相关信息的反馈，从而作为规划的内容和政策设计以及规划运作制度的架构提出修正、调整的建议，使国土空间规划的运作过程进入良性循环。

（2）安排建设时序时应达到的标准

政策评价时所采用的标准与提出政策时应达到的标准是一致的，这两者之间的唯一区别就在于应用的时间不同，评价标准是回顾性的应用，而推荐标准是展望性的应用。

（3）安排建设时序总体性的准则

任何一种理论都具有一定的局限性，在具体的评价活动中需要针对具体的评价内容和要求具体确定相应的评价准则，但这些总体性的准则可以为我们开展具体活动提供基本的框架和应该涉及的相关方面。

3. 研究技术方法的构建

（1）基本理论框架

即对确定建设时序标准的各个要素和研究的问题之间关系的梳理，效益是获得的价值、是目标实现的程度；效率是为获得的效益与所付出的代价的比值，充分性说明研究的问题和效益之间的关系，具体来说，是获得的效益在多大程度上解决了要研究的问题。公平标准描述的是获得的价值是否公平分配、付出的成本是否公平支出；回应性在很多不太复杂的问题里，可以看作是公平标准的延伸——获得的价值和付出的成本是否在特定的群体里一样满足公平标准，同时也在效益和效率标准中反映特定群体的需要，当然因为研究问题的具体化，特定群体的划分也不同，根据研究问题的主要矛盾，要判别什么群体在这一问题中才是特定的群体；适当性具有逻辑优先性，其实质就是理性，是最为开放的标准，放入具体问题的背景下，才可能具有具体的内容。

（2）基本研究步骤

按照基本研究框架，进一步制定如下具体的研究步骤：

①明确决定影响项目建设时序的因素。

②具体分析各个因素对决策建设时序的影响，并且理顺各个影响因素之间的关系及其与研究的问题国土空间建设时序的选择之间的关联性。

③量化各个因素的影响力大小。

④找到各个项目的影响因素的总和的"值"，也就是效益的值与各个项目造价之间的关系，得到可供直观地选择项目的修建时机的"造价—效益"关系和"造价—效率"关系。

（四）区域国土空间规划成果表达模式和编制组织模式

1. 成果表达模式

（1）区域国土空间规划文本

规划文本一般应包含以下内容：国土空间开发利用状态和面临形势；发展定位、战略目标、总体格局；生态空间保护格局及管控要求；农业与农村空间发展和基本农田保护；国土空间支撑体系建设；国土空间综合整治重点区域及重大工程部署；区域合作与协调发展；国土空间分区引导与管控行动计划。

（2）区域国土空间规划图集

包括基础分析图和规划成果图。

其中，基础分析图系列（可根据具体情况增减）：区域分析图；国土空间利用现状图；资源环境承载力评价图（包括单因子评价和综合承载能力评价图）；国土空间开发适宜性评价图（包括单因子评价和综合用地适宜性评价图）；国土经济密度分析图；城镇体系现状图；综合交通现状图；生态体系现状图等。

规划成果图系列应包括但不限于：国土空间格局图；基础支撑体系规划图；国土空间综合整治布局图；其他相关图件。

（3）区域国土空间规划文本说明

规划说明主要包含以下内容：

①规划编制基础。

包括编制依据、基础数据的采用。

②规划协调衔接。

现有规划目标、空间的衔接情况，规划方案中有关规划区发展定位、规划目标、空间格局和规划红线的衔接情况等。

③规划目标定位。

规划定位和发展战略的确定依据，规划目标确定和规划指标体系构建依据，规划指标测算的依据。

④规划空间格局。

国土空间总体格局确定依据。国土空间分类方法依据。生态保护红线、基本农田保护红线、城镇开发边界的划定方法和结果，不同红线管控措施的提出依据。

⑤规划用途管制。

生态空间、乡村空间、城镇空间分级分类管控的制定思路，城镇空间内部用途划分和管制的依据。国土综合整治的依据。生态、环境、土地、矿产等综合整治修复区域和重点项目制定的依据。

⑥规划方案论证。

对规划方案进行组织、技术、经济可行性论证的结论，以及规划方案实施后可能产生的社会经济、生态环境影响评价。规划要具体说明的其他重要问题。

（4）区域国土空间规划前期专题研究成果集

根据规划主要内容要求，充分结合区域国土空间开发利用存在的问题和区域特点，开展国土规划前期专题研究，形成专题研究成果集。

（5）规划数据标准与技术平台

包括基础数据采用标准、统一的用地分类标准、所有指标数据算法、空间规划数据库这四部分技术成果。

2. 编制组织模式

（1）工作模式

按照"多级联动、部门协同、专业支撑、协商规划"的工作模式有序开展。按照多层级、多轮次上下互动的方式，积极贯彻"自上而下"和"自下而上"相结合的反馈协商工作制度。成立区域空间规划编制工作领导小组，由政府领导任组长，发改、自然资源、住建、环保等相关部门为成员。领导小组实行专题会议制度，听取工作进展，研究部署工作事项，协同推进规划编制工作。围绕试点工作进行多轮次的协商互动。共赴先进地区考察、学习经验；开展省、市、县多层级、多部门的实地调研；实行专门会议制度，共同商讨阶段性的成果方案，共同修改完善相关规划成果。

（2）工作过程

分为组织准备、前期调研、成果编制、协调论证、评审上报五个阶段。成立工作领导小组，明确工作组织形式，确定技术支撑团队、召开工作动员会等；进行前期资料收集、开展各部门和各市的现状调研、基础数据整理及确定相关专题研究的思路等工作，编制并调整试点工作方案，明确专题研究和规划成果编制任务和具体要求。按照工作方案计划以及有关要求，召开相关职能部门参加的座谈会，并进行实地踏勘调研，全面收集各职能部门、各市的相关数据，主要包括地形地貌条件、经济社会发展情况、土地利用状况、城乡建设及产业发展、基础设施建设情况、生态建设和环境保护状况、各类能源资源利用现状等相关规划资料，对重大问题开展前期专题研究，形成专题研究报告。通过研究，整合空间管制分区，初步划定城市开发边界、永久基本农田保护红线、生态保护红线等，为区域空间规划编制方案奠定基础。多级联动，反复协商沟通，完善前期专题研究，研究确定本区域空间规划中的功能定位、发展目标、主要指标以及"三线"的范围、规模、布局，编制完成规划初步成果。采取多种方式广泛征求意见，组织研讨会，邀请相关政府部门、专家对规划方案进行讨论，听取专家学者、有关部门的意见和建议，综合各方面反馈信息，对规划成果进行进一步修改完善。按规定程序进行公示、意见征询和关键问题论证，修改完善试点成果，将相关成果上报有关部门审批实施。

（3）工作机制

①建立联席会议制度。

为确保规划编制工作科学合理，规划编制工作领导小组定期召开政府组织发改、自然资源、住建、环保等相关部门参加的联席会议，重点对规划编制、多方协调、方案审查、实施机制等问题进行研究、讨论和决策，确保规划编制工作顺利推进。

②建立专家咨询制度。

成立由国土、经济、管理、生态环境、林业、矿产、水资源、城乡建设、交通等方面知名专家组成的专家顾问组，建立规划专家咨询制度，主要负责对规划编制工作的指导、咨询和论证，确保规划编制工作科学推进。

二、规划实施管理的规则探索

（一）规划实施的运行机制与公众参与

1. 建立规划的反馈与动态更新制度

国土空间规划相比其他类型的规划，更具有宏观性、长远性和战略性。但由于规划年限较长，长期利益很难具体把握。因此，为克服市场经济环境下的诸多不确定性，要建立规划实施和编制间的反馈机制，根据区域发展出现的新形势和新问题，适时对规划进行评估、调整、修编和重新审定，将过去规划追求的终极目标转化为逐个具体可操作的行动。

2. 加强规划实施考核监管

健全规划实施监督检查制度，实行专项检查与日常检查相结合，完善国土空间变化动态监测制度；强化规划实施绩效考核，考核结果作为领导干部奖惩任免的重要依据。建设调查监测网络，完善调查监测指标，采用现代技术手段对规划实施情况进行全面监测。

3. 建立国土空间基础信息平台

以国土资源数据和地理国情数据为基础，聚合集成资源环境和各类空间性规划相关数据，统一坐标系统、统一数据标准、统一技术规范，运用云技术，搭建以空间基础数据、空间规划数据、空间管理数据为主体的国土空间基础信息平台，实现政府行政审批联动和国土空间数据共享交互，强化国土空间基础数据的社会化应用功能，发挥国土空间数据的"底图""底线""底板"作用，为政府及相关部门编制规划、行政决策、监测监管等提供全面、精准的数据支撑。

（二）规划实施的区域政策及配套组合

1. 土地人口政策

实行差别化的土地政策，生态保育区要稳定特色农业空间，控制城镇工矿用地，强化水源涵养和生物多样性保护；逐步发展区要强化基本农田保护，优化配置城镇空间，强化生态网络建设；生态恢复区要保护农牧业用地，适度增加城镇空间，恢复和重建生态空间；建立耕地和基本农田有偿保护机制，推行城镇绿地调整使用制度，建设占用耕地易地补充制度；全面放开建制镇和小城市落户限制，有序放开中等城市落户限制，合理确定大城市落户条件，严格控制特大城市人口规模；逐步转移重点生态功能区和生态保护红线内的人口，促进人口向城镇空间集聚。

2. 矿产海域政策

完善矿业权市场，按照矿种和风险水平配置矿业权，设置开采回采率、选矿回收率和综合利用率标准作为新建矿山准入条件，实行差别化的矿产资源配置政策；协调矿产资源产区和消费区之间的关系，完善矿产资源开发收益分配机制；深化矿产资源有偿使用制度改革，推进矿产资源补偿费征收与储量消耗挂钩，严格执行矿业权有偿取得制度；依照土地利用总体规划和海洋功能区划，统筹协调各行业用海，合理安排围填海指标和布局，优先用于发展海洋优势产业和生态保护与建设；落实建设用围填海海域使用权证与土地使用权证换发机制，确保用海管理与用地管理相衔接。

3. 产业投资政策

引导城镇和主导产业园区增强自主创新能力，提升产业结构层次和竞争力，加强产业配套能力建设，增强吸纳产业转移容量，限制农业空间和生态空间进行工业化和城镇化开发；制定产业发展指导目录，引导各类资金投向优势产业；鼓励转型企业技术改造，区域在安排重大技术改造项目和资金方面给予支持；推进金融业务和市场等领域的改革创新，引导银行业金融机构加大信贷支持力度；支持符合条件的企业发行企业债券和上市融资；规范和健全各类担保、再担保机构和证券、保险企业，积极服务新型工业化发展。

4. 财政税收政策

制定对农业空间和生态空间的地方财政转移支付政策，对落实粮食安全区和生态安全区和恢复区给予补偿；加大对战略资源勘探的投入力度，区域现有资源勘探专项资金给予倾斜；制定对高标准基本农田建设的资金倾斜政策，推进耕地质量提升；制定引导和扶持战略性新兴产业和高新技术产业发展的税收优惠政策，支持新型工业化城镇化发展；整合区域现有基础设施建设专项资金，重点支持列入规划的交通、水利、能源、信息、防灾等重大基础设施项目建设。

5. 环境保护政策

按照不同的国土空间设置产业准入环境标准，严格环境准入管理；推进排污权制度改革，完善排污权交易制度；加强污染源源头控制，强化环境影响评价和环境风险防范，深化水、气、声等污染治理；建立水功能区水质达标评价标准，完善水功能监管制度；实行污染物排放总量控制，农业空间要治理、限制或关闭污染物排放企业，建设空间要结合环境容量提出严格的污染物排放控制要求，生态空间要对污染物排放企业依法关闭或限期迁出。

（三）规划实施的法制建设

依法实施规划是实施空间规划的有效保障。因此，有必要通过法律的手段把空间规划在经济发展中的职能、定位、任务以及与其他各类规划的关系用法律规范的形式固定下来，明确规划的编制范围，组织机构与审批、实施与管理及相应的法律责任等，还应出台和制定配套的法规、技术规范，建立整套的区域空间规划法律法规体系。

第三章　国土空间开发格局的理论与形成机制

第一节　国土空间开发的基础理论及结构

一、国土空间开发的基础理论

国土空间开发一直是区域经济学和发展经济学关注的重点命题。从国土空间开发相关理论演进过程来看，主要包括：区位选择理论，主要是以运输费用为核心的成本分析、市场分析、成本—市场综合分析等；区域经济增长理论，包括均衡增长理论、非均衡发展理论及内生增长理论等，其核心是集聚与区域经济增长的关系；区域分工与贸易理论，绝对优势理论、比较优势理论、要素禀赋理论等；区域开发理论，包括据点开发、点—轴开发、网络开发等。

（一）区位选择理论

区位选择理论通过建立假设，运用成本分析、市场分析，或者成本—市场综合分析来解释经济活动区位的选择。主要包括：杜能的农业区位论、韦伯的工业区位论、克里斯泰勒的中心地理论和廖什的市场区位论。

（二）区域经济增长理论

1. 均衡发展理论

均衡发展理论的假设前提是要素替代、完全竞争、规模报酬不变、资本边际收益递减。这样在市场经济下，资本从高工资发达地区向低工资欠发达地区流动，劳动力从低工资欠发达地区向高工资发达地区流动，随着生产要素的流动，各区域的经济发展水平将趋于收敛（平衡），该理论主张在区域内均衡布局生产力，从而使得各地区经济平衡增长。

为使一国经济取得长期持续增长，就必须在一定时期受到大于临界最小规模的增长刺激。不发达经济的居民收入通常也很低，这使储蓄和投资受到极大局限；如果以增大国民收入来提高储蓄和投资，又通常导致人口增长，从而又将人均收入退回到低水平均衡状态中，这是不发达经济难以逾越的一个陷阱。发展中国家在投资上以一定的速度和规模持续作用于各产业，从而冲破其发展瓶颈。由于该理论基于三个"不可分性"，因此更适用于发展中国家。资本缺乏是不发达国家经济增长缓慢的关键因素，这是由投资能力不足或储蓄能力太弱造成的，而这两个问题的产生又是由于资本供给和需求两方面都存在恶性循环。但通过平衡增长可以摆脱恶性循环，进而扩大市场容量并形成投资能力。

均衡发展理论的缺陷在于忽略了规模效应和技术进步的因素，特别是由于规模效应的存在，规模报酬并不是不变的，市场力量作用通常导致区域差异增加而不是缩小。发达地区由于具有更好的基础设施、服务功能和更大的市场，必然对资本、劳动力等要素具有更强的吸引力，这就导致在完全竞争下，极化效应往往超过扩散效应，区际差异加大。此外，这一理论没有考虑要素空间流动时要克服空间距离而发生的运输费用。

2. 非均衡发展理论

工业各部门及各种工业产品，都处于生命周期的不同发展阶段，即经历创新、发展、成熟、衰退四个阶段。此后区域经济学家将这一理论引入区域经济学中，便产生了区域经济发展梯度转移理论。区域经济的发展取决于其产业结构的状况，而产业结构的状况又取决于地区经济部门，特别是主导产业在工业生命周期中所处的阶段。如果其主导产业部门由处于创新阶段的专业部门构成，则说明该区域具有发展潜力，因此将该区域列入高梯度区域。随着时间的推移及生命周期阶段的变化，生产活动逐渐从高梯度地区向低梯度地区转移，而这种梯度转移过程主要是通过多层次的城市系统扩展开来的。

梯度转移理论主张发达地区应首先加快发展，然后通过产业和要素向欠发达地区的转移带动整个区域发展。梯度转移理论的局限性在于难以精确划分梯度，有可能把不同梯度地区发展的位置凝固化，造成地区间发展差距进一步扩大。

累积因果理论，在一个动态的社会过程中，社会经济各因素之间存在着循环累积的因果关系。市场力量的作用一般趋向于强化而不是弱化区域间的不平衡，即如果某一地区由于初始的优势而比别的地区发展得快一些，那么它凭借已有优势在以后的日子里会发展得更快一些。这种累积效应有两种相反的效应，即回流效应和扩散效应。前者指落后地区的资金、劳动力向发达地区流动，导致落后地区要素不足，发展更慢；后者指发达地区的资金和劳动力向落后地区流动，促进落后地区的发展。

区域经济能否得到协调发展，关键取决于两种效应孰强孰弱。在欠发达国家和地区经济发展的起飞阶段，回流效应都要大于扩散效应，这是造成区域经济难以均衡发展的重要原因。因此，要促进区域经济的协调发展，必须有政府的有力干预。这一理论对于发展中国家解决地区经济发展差异问题具有重要指导作用。

不平衡增长论，经济进步并不同时出现在每一处，经济进步的巨大推动力将使经济增长围绕最初的地区集中，即增长极。经济学家赫希曼（A. O. Hirshman）提出了与回流效应和扩散效应类似的"极化效应"和"涓滴效应"，在经济发展的初期阶段，极化效应占主导地位，因此区域差异会逐渐扩大，但从长期看，涓滴效应将逐步占主导，区域差异也趋向缩小。

增长极理论，增长并非同时出现在各部门，而是以不同的强度首先出现在一些增长部门，然后通过不同渠道向外扩散，并对整个经济产生不同的终极影响。显然，他主要强调规模大、创新能力强、增长快速、居支配地位且能促进其他部门发展的推进型单元即主导产业部门，着重强调产业间的关联推动效应。

增长极的产生取决于有无发动型的产业，而区域上则取决于有无发动型的核心区域。这个核心区域通过极化和扩散过程形成增长极，以获得较高的经济效益和发展速度。这种核心区域的发展速度较快，且与其他地区的关系特别密切，在没有制度障碍的情况下，具有持续的空间集中倾向。

3. 内生增长理论

内生增长理论认为经济能够不依赖外力推动实现持续增长，内生的技术进步是保证经济持续增长的决定因素。为克服完全竞争假设条件过于严格，解释力弱，以及无法较好地描述技术商品的非竞争性和部分排他性等不足，20 世纪 90 年代以来，增长理论家开始在垄断竞争假设下研究经济增长问题，提出了一些新的内生增长模型。根据对技术进步的不同理解，主要有三类：产品种类增加型、产品质量升级型、专业化加深型。

（三）区域分工与贸易理论

区域分工与贸易理论包括传统的绝对优势理论、比较优势理论、生产要素禀赋理论等。

1. 绝对优势理论

绝对优势是指一个国家较另一个国家在生产某种商品中拥有最高的劳动生产率（单位劳动投入带来的产出率最大），或指一个国家较另一国家在生产同种商品中所具备的最低的生产成本（单位产出的劳动投入量最小）。

国家或区域间分工原则是成本的绝对优势。分工可以极大地提高劳动生产率，企业、区域或国家从事最有优势的产品的生产，然后彼此交换，则对每个人都是有利的。斯密将该理论由家庭推及国家，论证了国际分工和国际贸易的必要性。如果外国的产品比本国生产便宜，那么最好是输出在本国有利的生产条件下生产的产品，去交换外国的产品，而不要自己生产。这样对所有国家都是有利的，世界的财富也会因此而增加。绝对优势的基础在于自然禀赋或者后天的优势，它可以使一个国家生产某种产品的成本绝对低于别国，从而在该产品的生产和交换上处于绝对有利的地位。

2. 比较优势理论

两个国家刚好具有不同商品生产绝对优势的情况是极为偶然的，因而绝对优势理论在现实中面临一些挑战。国际贸易产生的基础并不限于生产技术的绝对差别，只要各国之间存在着生产技术上的相对差别，就会出现生产成本和产品价格的相对差别，从而使各国在不同的产品上具有比较优势，使国际分工和国际贸易成为可能，进而获得比较利益。比较利益学说进一步揭示了国际分工贸易的互利性和必要性。它证明各国通过出口相对成本较低的产品、进口相对成本较高的产品就可能实现贸易的互利。

3. 要素禀赋理论

要素禀赋论又称要素比例说。该理论阐明了什么因素确定外贸模式和国际分工，同时也指出外贸对资源配置、价格关系和收入分配的效应。现实生产中投入的生产要素不只是一种，而是多种。根据生产要素禀赋理论，在各国同一产品生产技术水平相同的情况下，两国生产同一产品的价格差来自产品的成本差别，这种成本差别来自生产过程中所使用的生产要素的价格差别，这种生产要素的价格差别则取决于该国各种生产要素的相对丰裕程度。

狭义的生产要素禀赋论认为，一国在生产密集使用本国比较丰裕的生产要素的产品时，成本就较低，而生产密集使用别国比较丰裕的生产要素的产品时，成本就比较高，从而形成各国生产和交换产品的价格优势。进而形成国际分工和贸易。此时本国专门生产有成本优势的产品，而换得外国有成本优势的产品。

广义的生产要素禀赋论认为，当国际贸易使参加贸易的国家在商品的市场价格、生产该商品的要素价格相等的情况下，以及在生产要素价格均等的前提下，两国生产同一产品的技术水平相等（或生产同一产品的技术密集度相同）的情况下，国际贸易取决于各国生产要素的禀赋，每个国家都专门生产密集使用本国比较丰裕生产要素的商品。生产要素禀赋论假定，生产要素在各部门转移时，增加生产某种产品的机会成本保持不变。

二、国土空间开发格局的结构

(一) 国土空间与国土空间开发

空间，哲学上认为是运动行为和存在的表现形式，行为是相对彰显的运动，存在是相对静止的运动。物理学上的空间，是指能够包容（所有）物理实体和物理现象的场所；空间是有或没有具体数量规定的认识对象，具有长、宽、高等多个维度。国土空间是"区域"在国家尺度上的称谓。首先，具有"区域"的基本内涵。一是具有基本的自然地理规定性，"是地域分异规律作用的产物"；二是具有一定的经济规定性，它是"社会经济客体在区域空间中的相互作用和相互关系以及反映这种客体和现象的空间聚集规模和聚集形态"；三是具有一定的政治规定性，将"区域"与行政区划结合起来有助于掌握数据、描述、制定实施政策等。其次，国家尺度下的"区域"（国土空间）具有不同于一般意义"区域"的特定内涵。一是受关税、贸易壁垒等影响，其要素流动的交易成本或广义运输距离更显著，在经济全球化、区域经济一体化发展日益深入的背景下，国土空间受到外部环境的影响越来越大，国际政治经济环境、贸易政策等都会对其产生重要影响，这使得国土空间相比于一般区域呈现出更强的行政规定性；二是出于国家安全的考虑，国土空间上战略性资源配置要立足内部，这样以效率为导向的市场机制将呈现部分失灵，从而需要中央政府层面的宏观调控或管制来辅助。

国土空间开发具有阶段性。从全球角度看，国土空间开发格局形成和发展与区域经济社会发展阶段密切相关。在农业社会，水资源对于经济社会的发展具有决定性意义，国土空间开发长期处在"流域主导期"。工业化中后期伴随快速城镇化进程，农业剩余劳动力向城市转移，城市数量增加和城市规模的扩大，引发了服务业的快速发展，国土空间开发特征由"产业主导"向"城市（群）主导"转化，同时，城市人口剧增导致空气污染、噪声干扰、交通拥堵等问题，城市居住质量下降，产业发展导致资源过度开采、生态遭到侵蚀等问题，可持续发展日益得到重视，国土空间开发特征在"产业主导、城市（群）主导"的基础上，增加了"生态约束"特征。

国土空间开发具有效率性。国土空间要素主要包括土地、劳动力、矿产资源、资本等，这些要素的丰沛程度在很大程度上影响着国土空间开发。早期的国土空间开发，多具有资源指向。各要素间的匹配程度是影响国土空间开发的另一个因素，尽管要素之间的相互替代可在一定程度上减少要素不匹配的影响，但低于某个门槛值时，这种替代便难以形成，这样使得要素匹配性好的地区生产活动的效率更高。无论在哪个阶段，效率都是各种要素配置目标，市场则是要素配置的基础，为实现高效，一方面要通过空间组织，形成有效的区域分工，提高全要素生产率；另一方面市场的效率导向会引导生产活动撤离那些不具备竞争力的地区，或由于过度开发而产生负的外部性的地区。

国土空间开发具有公平性。公平性的核心是空间中人的发展机会和福利的均等，包括受教育机会、就业机会、社会保障、住房保障、医疗保障等。新区域主义认为，市场机制最终将通向不平衡的地理发展，市场本身难以阻止地理不平衡，因此需要政府政策的引导，引导的目的并不是为了空间发展的均衡，而是为了空间中人的公平。

（二）国土空间开发的四个维度

理想的国土空间开发格局应该是能够促进要素充分流动和优化配置、空间中人的发展机会和福利水平相对公平、生态环境可持续发展，经济、社会、环境发展与人的发展相协调的空间格局。国土空间开发应包括四个维度，即开发区位、开发功能、开发强度、开发组织。

一是开发区位，主要解决在哪开发的问题。即根据资源环境条件、发展基础和发展潜力，确定哪些地区可以开发、哪些地区不可以开发，划定空间开发的边界。

二是开发功能，主要解决开发什么的问题。其中主要对国土空间内某一特定区域能发展什么、不能发展什么（即主体功能）进行安排，如城市发展区、粮食主产区、生态保护区等，通过规划进行控制，强化可以发展的功能，控制不可以发展的功能。

三是开发强度，主要解决开发到什么程度的问题。依据特定区域的承载能力、开发程度和开发潜力来综合评定，如主体功能区规划中按照开发强度分为优化开发、重点开发、限制开发、禁止开发四种类型。

四是开发组织，主要解决如何进行开发的问题。开发组织要明确基本单元、划分层级、制定结构等，其本质上取决于基于资源禀赋和动态比较优势的要素流动。在纯经济属性的"区域"中，市场机制在各要素配置中发挥基础性作用。而在国家尺度的"区域"中，由于各级行政边界的存在，特别是地方政府发展诉求强烈，产生恶性竞争，要素流动不畅，这时就要综合运用国土空间组织手段进行干预，更好地发挥政府作用，引导市场主体有序开发，促进要素合理流动。

第二节　国土空间开发格局的形成机制

国土空间开发格局主要受资源本底、政策环境、发展阶段三类因素影响，这些因素通过路径依赖、集聚与知识溢出、外部性、区域政策和制度等四种机制共同作用于国土空间格局。

一、影响因素

国土空间开发格局的影响因素很多，静态看，主要受到资源禀赋、政策环境两方面影响，其中资源禀赋具有客观性，而政策环境则具有主观能动性；而动态看，还受到区域发展差距、工业化城镇化发展阶段的影响，发展阶段具有客观性。

（一）资源禀赋

资源禀赋包括区域的土地资源、水资源、矿产资源、生态资源等的丰裕程度、匹配程度、比较优势和承载能力，区域已开发程度与开发潜力等。海拔很高、地形复杂、气候恶劣以及其他生态脆弱或生态功能重要的区域，并不适宜大规模高强度的工业化城镇化开发，否则，将对生态系统造成破坏。各区域资源禀赋决定了其主体功能，如有的区域在提供农产品上具有优势，有的区域则更适合提供生态产品，而另外一些区域则适合大规模高强度的工业化城镇化开发等。

资源本底具有客观性，可分为两类：一类是很难通过人类努力进行调整的，如气候、水文、开发建设条件等，具有绝对客观性；另一类是通过人类努力得到适当改变的，如资源能源的跨区域调配、交通条件的改善等，但其受到市场机制的约束，具有相对客观性。

（二）政策环境

政策环境包括区域发展战略、区域增长模式、经济体制等。

区域发展战略受政府意志影响显著，多为解决特定历史条件下经济社会发展中存在的问题而采取的空间上的解决途径，这在政府调控力度较强的国家表现得尤为显著。如我国，新中国成立初期实行高度集中的计划经济体制，为应对可能出现的战争，大量项目布局在中西部地区；而改革开放以后，为对外开放和招商引资的需要，沿海成为经济发展的重点地区，在区域发展战略上强调东部率先。

区域增长模式是在特定历史条件下市场力量和政府力量共同作用形成的，比较有代表性的有出口导向、内需导向、出口替代战略等，任何一种增长模式必然要求在空间上相应地给予支撑，如我国长期实施出口导向战略，在全球化和本地化循环累积作用下，沿海经济带得到快速发展。国土空间是经济增长模式的重要载体，而国土空间开发格局的调整也是转变增长方式的重要内容。

经济体制直接影响着经济要素在空间上的组织方式，如我国在计划经济体制下，各种生产要素和产品按照计划进行配置，地方政府缺少经济发展和空间开发的能动性，呈点状均衡化布局，但各点之间缺乏内在的经济联系，其结果必然是低效率和低效益。从20世纪80年代开始，财政实行地方政府承包制，即"分灶吃饭"，诱发了地方政府发展经济的冲动，经济组织在空间上表现为行政区经济，"断头路"等使得行政区交界地区发展缓慢，过多的行政干预使行政区之间缺少有效的分工，要素配置效率不高，比较优势难以充分发挥，发展潜力难以完全释放。

（三）发展阶段

发展阶段与区域空间结构之间存在显著的关系。发展阶段与区域差异之间存在着倒"U"形关系，均衡与增长之间的替代关系依时间的推移而呈非线性变化。空间一体化过程与区域经济发展阶段呈对应关系。一般说来，在发展初期，区域差距比较小，空间开发上多采取增长极战略，进行据点式开发；而发展中后期，区域发展差距会逐渐扩大，这时，要引导生产要素跨区域合理流动以缩小区域发展差距，成为影响国土空间开发战略的重要方面。这一过程同时受到工业化城镇化阶段、经济体制转型等时间维度变量的影响。

二、形成机制

国土空间开发格局的形成，从根本上说，是资源和要素在空间上配置的结果。在市场经济条件下，市场是国土空间开发格局主要推动力量，伴随市场配置资源和要素的过程，正外部性和负外部性不断产生。如在一些地区进行项目建设，改善其产业配套条件，增强其承接产业转移的能力，增强这些地区承载经济和人口的能力，从而产生正外部性；而在生态环境比较脆弱的地区进行资源开发，则有可能破坏这些地区的生态环境，降低其提供生态产品的能力。

优化国土空间开发格局，就是要鼓励正外部性，抑制负外部性。在存在外部性和公共产品生产的领域，市场经常会失灵，因此国土空间开发格局的优化也离不开政府力量。政府发挥作用主要是设计合理的政策体系，选准合宜的作用领域——主要是弥补市场失灵，而不是代替市场的作用。其中，市场机制主要包括路径依赖效应、集聚与知识溢出、外部效应等，政府机制主要包括土地制度、财税制度、户籍制度、环境制度等。

（一）路径依赖

路径依赖是指一个具有正反馈机制的体系，一旦在外部性偶然事件的影响下被系统所采纳，便会沿着一定的路径发展演进，很难为其他潜在的更优的体系所代替。一旦进入一种低效或无效的状态则须付出大量的成本，否则很难从这种路径中解脱出来。克鲁格曼认为，现实中的产业区的形成是具有路径依赖性的，而且产业空间集聚一旦建立起来，就倾向于自我延续下去。

产生空间上路径依赖的原因：一是市场保护，城市或区域政府出于就业和稳定的考虑，倾向于保护辖区内的企业和产业，这样就在政府的市场保护政策下形成了一个进入壁垒，阻碍外地商品进入；二是迁移成本，即新企业从一个地区迁移到另一个地区所要付出的代价；三是制度障碍，地方政府往往设置许多不利于企业迁移的地方政策，同时为了营造一种能使这类企业继续生存的空间，这会使有迁移愿望的企业锁定在原来的区位。要素流动不顺畅，也使得在宏观空间结构上倾向于保持固有的格局。

（二）集聚与知识溢出

所有的区域空间结构理论都强调集聚经济在区域经济发展中的作用。运用集聚经济将那些在生产或分配方面有着密切联系，或是在产业布局上有着共同指向的产业，按一定比例在某个拥有特定优势的区域，形成一个地区生产系统。在系统中，每个企业都因与其他关联企业接近而改善自身发展的外部环境，并从中受益，结果系统的总体功能大于各个组成部分功能之和。梯度推移理论认为大城市是高区位区，就因为它可以依靠集聚经济来推动与加速发明创造、研究与开发工作的进程，节约所需投资；增长极理论强调城市体系中城市等级结构的差异，实际上是考虑城市集聚经济能力；生产综合体理论更是指出要追求集聚经济；而产业集群理论不仅强调大量产业联系密切的企业集聚，而且还强调相关支撑机构在空间上的集聚，获得集聚经济带来的外部规模经济。

知识溢出效应近年来也得到了更多的关注，新经济地理认为，空间邻近的知识溢出在产业区位形成中具有重要作用，空间集聚与经济增长之间之所以具有显著的相互影响，其关键就在于知识溢出的空间特征。内生增长理论将区域增长归结为要素投入与知识积累，在区域层面，知识溢出依赖于区域之间的地理距离、技术差距及学习能力，知识溢出在领先和落后地区的流动是双向的，但领先地区向落后地区的溢出更大，外生知识增长是影响区域增长的主要变量，邻近区域的知识溢出效应更为明显，知识溢出的生产力效应随着地理距离的邻近而增强。

（三）外部效应

外部性通常是指私人收益与社会收益、私人成本与社会成本不一致的现象。如果一种经济行为给外部造成了积极影响，使社会收益大于私人收益，使他人减少成本，则称为正外部性；如果一种经济行为给外部造成消极影响，导致社会成本大于私人成本，使他人收益下降，则成为负外部性。"生产和消费过程中当有人被强加了非自愿的成本或利润时，外部性就会产生。更为精确地说，外部性是一个经济机构对他人福利施加的一种未在市场交易中反映出来的影响。"如何让外部效应内部化是解决负外部性的关键。

在区域经济活动中，河流、空气、人才等流动性明显的资源无法明确界定其区域空间归属，因而，企业缺乏保护河流、治理污染的动力。而我国地方政府具有特别突出的"经济人"属性，他们的行为"同经济学家研究的其他的行为没有任何不同"，他们都以自身利益最大化为目标，缺少对外部性的考虑。这两方面原因共同作用于国土空间开发格局。

正是由于外部性特别是负的外部性的存在，就需要中央政府进行政策调整以达到优化国土空间格局的目的。体现为两种不同的政策模式：一是通过区域经济一体化与区域合作，在私人市场中把外部性内部化，减少区域之间的恶性竞争，内化区域之间的交易成本以及克服区域之间的负外部性；二是区域补偿政策，政府通过对有负外部性的活动征税以及对有正外部性的活动提供补贴。

（四）区域政策与制度

在市场经济下，虽然中央政府对于经济资源的掌握能力大大弱于计划经济，但中央政府仍然拥有一系列干预区域经济运行的手段。区域政策工具可以分为三大类：一是微观政策工具；二是宏观政策工具；三是协调政策工具。微观政策工具包括劳动力再配置政策（迁移政策、劳动力市场政策、劳动力报酬政策）、资本再配置政策（如对资本、土地、建筑物等生产要素的投入进行财政补贴，对产品进行税收减免，对技术进步进行财政补助、税收减免，等等）。宏观政策工具包括区域倾斜性的税收与支出政策、区域倾斜性的货币政策、区域倾斜性的关税与其他贸易政策。协调政策工具主要用于微观政策之间的协调、微观与宏观政策之间的协调、中央与区域开发机构之间的协调、区域开发机构与地方政府之间的协调。

按照政策的功能，区域政策工具可以分为奖励性政策和控制性政策两大类。前者包括转移支付、优惠贷款、税收减免、基础设施建设、工业和科技园区设立等；后者包括明文禁止相关开发活动、对一些开发活动实施许可制度和提高税收等。

财税政策。包括收入类政策和支出类政策。其中，收入类政策大体可以分为税、费、债和转移性收入四项；支出类政策大致包括政府投资、公共服务、财政补贴和政府采购四项。其主要作用：一是支持特定地区改善发展所需要的基础设施；二是支持特定地区增强提供公共产品的能力，或向特定地区的居民提供特定的公共产品；三是在特定地区进行生态环境基础设施建设；四是鼓励资本和劳动力进入或转移出特定地区；五是鼓励或限制某些产业的发展；六是引导市场参与者节约资源、保护环境。

投资政策。包括中央财政基本建设支出预算安排、固定资产投资规模控制、重大项目布局等。其主要作用：一是在特定地区进行交通、通信、生态环境保护等基础设施建设；二是鼓励或抑制特定地区固定资产投资的增长；三是在特定地区培育经济增长极；四是引导社会投资的空间流向。

产业政策。包括鼓励性或限制性产业发展指导目录、产业技术标准的设立等。其主要作用：一是引导资源和要素在空间上的配置，合理化产业的空间布局；二是鼓励或限制特定产业发展，优化特定地区产业结构；三是鼓励或限制特定开发活动，促进资源开发与生态环境保护的协调。

土地政策。包括建设用地指标分配、土地最低价格标准、单位土地投入产出强度控制等。其主要作用：一是鼓励或限制特定地区的发展；二是鼓励或抑制特定产业的发展；三是鼓励或限制特定的开发活动。

人口管理政策。包括人口生育政策、人口迁移政策、劳动力培训政策和劳动力市场政策等。其主要作用：一是调节特定地区的人口生育率和人口增长率；二是鼓励或限制城乡居民迁入、迁出特定地区；三是增强劳动者在区外寻求生存和发展机会的能力；四是合理调节劳动要素在空间上的配置。

环境保护政策。包括环保标准的制定和实施、环保禁令的颁布、环保税收的设定、污染排放指标的分配、环境基础设施投资的安排等。其主要作用：一是在特定地区进行生态环境保护工程建设；二是鼓励或限制特定产业在特定地区的发展；三是调节特定地区的生产和消费活动，促进人与自然的和谐相处。

绩效评价和政绩考核政策。包括指标的设立、奖惩制度安排等。其主要作用：一是引导各地区制订和实施符合自身功能定位的经济社会发展规划；二是引导各地进行符合自身功能定位的开发活动。

规划政策。包括空间开发规划的制订与实施、经济社会发展规划的制订与实施等，以及各类规划之间的协调。其主要作用：一是规范国土空间开发秩序；二是引导各地区制订符合自身功能定位的经济社会发展规划；三是促进各地区协调发展。

第三节　国土空间开发格局的评价

国土空间开发格局评价指标的选择，要遵循以下几个原则：一是分类设计和评价，即按照国土空间开发的不同维度分类选择指标；二是按照以人为本的要求，尽量选取人均指标；三是充分考虑指标数据的权威性、可得性和可操作性；四是评价指标的数量符合实际需要，但也不要过于烦琐，即"考察方面尽量全面，评价指标尽量简单"，将全面性与实用性很好地结合起来。

一、评价的依据

一般说来，评价指标的选择取决于其评价的目的，即通过定量测算，能够较为准确地反映出评价时点上我国国土空间开发格局的总体状况，能够较为明确地指出这一状况与理想状况的差距，明确未来的优化方向。理想的国土空间开发格局应该满足"要素得到有效配置、基本公共服务均等、生态环境可持续"，因此评价指标也要从这几个方面进行选择。

（一）要素配置高效化

合理的国土空间开发格局，首先，能促进产业区际分工和资源环境承载能力的空间差异相一致。我国地域广袤，各地资源丰裕程度不一，生态环境对于经济活动的承载力不同。有些地方资源丰富，环境容量大，适宜发展资源和环境依赖型产业；有些地方资源匮乏，环境容量小，不适宜发展资源和环境依赖型产业。促进产业区际分工和资源环境承载能力的空间差异相一致，就是要使各地的产业结构建立在自身的资源禀赋基础之上，从而使产业区际分工更加符合整体和长远发展的需要。其次，能促进生产力布局与人口分布相协调的空间格局。我国是一个人口大国，正处于快速工业化和城镇化进程中，由于区域就业承载能力、收入水平的差异，出现了大规模的劳动力跨区域流动。一方面优化了劳动力要素的空间配置，促进了产出的增长；另一方面也使整个社会付出了巨大的交通、伦理成本，产生了较为突出的负外部性。劳动者家庭的分离，造成了年复一年的大规模跨区域流动。经济比重和人口比重的严重不匹配，使区域之间严重不协调。促进生产力布局和人口分布的协调，就是要使各地常住人口规模与经济规模相适应。

（二）公共服务均等化

让各地区居民公平地享有发展成果，是发展得以持续的重要保障，也是优化国土空间开发格局的重要目标。由于各地区具有不同的发展定位，在发展中承担不同的功能，这就使得一些地区居民的发展机会受到限制，难以充分发展，因此，获得发展机会的地区必须补偿丧失发展机会地区的居民，其关键在于各地区间基本公共服务的均等化，使得不同地区居民在义务教育、公共卫生、社会保障等方面享有均等的公共产品和服务。

（三）生态环境可持续

资源环境问题是当前我国最突出的问题之一，其产生既有宏观经济运行方面的原因，也有国土空间开发方面的原因。优化国土空间开发格局，就要努力解决资源环境问题，促进生态环境可持续，促进人与自然和谐，要通过引导和规范各地区的开发活动，严格监管相关主体的生产和消费行为，一方面使各地区居民都能享有清新的空气、干净的水、绿色的空间；另一方面使各地区的发展与其资源环境承载能力相适应，使全国层面的国土空间持续发展具有更加牢固的自然基础。

二、评价指标的选取

从总量、效率、公平、可持续性出发，进行指标选择。其中，总量指标主要起控制作用；效率指标主要反映生产要素在国土空间上有效配置的状况；公平指标则反映经济和社会在国土空间上的公平性，即经济发展的区域差异和社会（基本公共服务）发展的区域差异；可持续性则反映国土空间开发过程中对资源能源的消耗和对生态环境的冲击。

（一）总量指标

我国人口众多，人均资源占有量有限，实施总量控制是保障国土安全的要求。要按照《全国主体功能区规划》要求，保护耕地、森林、草原、水域等重要资源，满足居民生活、建设城市、发展产业、保护生态的空间需求。

（二）效率指标

促进要素配置的高效化是优化国土空间开发格局的重要内容，也是其评价的重要方面。效率指标的选取应以经济效率指标为主，综合考虑经济、社会、生态效率（表征提供生态产品的能力）。应包括：单位面积土地的产出，单位面积建设用地的人口数量，GDP总量，人均GDP，人均财政收入，碳平衡状况，单位面积林地蓄积量，单位面积耕地粮棉油糖产量，单位面积草地的产草量和水涵养量，单位面积海域的海产品产量等。

（三）公平指标

促进国民生活环境、发展机会差距缩小，是优化国土空间开发格局的重要方向，也是评价的重要内容。包括基本公共服务支出的区域差异、城乡收入区域差异、教育设施的区域差异、医疗设施的区域差异、社会保障的区域差异、住房状况区域差异等。

（四）持续性指标

提升可持续发展能力是优化国土空间开发格局的重要方面，也是评价的重要内容。要通过优化国土空间开发格局，使得生态系统稳定性明显增强，生态退化面积减少，主要污染物排放总量减少，环境质量明显改善。生物多样性得到切实保护，草原植被覆盖度明显提高，主要江河湖库水功能区水质得到提高。自然灾害防御水平提升，应对气候变化能力明显增强。

第四章 城市空间布局规划

第一节 城市发展战略研究

一、城市发展战略研究的内涵与内容

城市是承载经济、社会、空间发展的巨型系统，城市发展受到自身发展基础、内外环境的深刻影响，在发展过程中也面对着许多不确定性的因素。因此，对城市空间进行规划，必须首先研究城市发展战略，理清对城市发展中许多重大的、战略性问题的认识，并做出科学合理的判断和选择。从国际情况看，研究城市发展战略并编制城市发展战略规划，是城市空间规划中的重要前置性内容，也有学者认为将其性质定位为"研究"更为合适。

战略规划本质上是对城市长期发展具有重大影响的要素的综合协调和安排，兼具了引领性、综合性、协同性和及时应变的特点，能够成为地方政府落实保护责任、服务国家战略、优化资源配置的综合平台，是弥合、链接法定空间规划体系与地方治理诉求的重要工具。战略规划是以战略性和空间性为中心，在多层次的宏观分析对比基础上，以城市发展目标、城市发展定位和规模、都市区空间结构模式、交通框架以及当地突出的产业和环境问题为重点，提出空间发展战略和结构方案，为城市政府提供发展的思路、策略、框架并作为城市总体规划编制的指导。其核心内容包括两个层面：其一，是城市的长期发展目标和包括社会经济等各方面在内的发展战略，以及城市空间发展方向和空间布局等宏观长远问题；其二，是与城市近中期发展密切相关的问题研究，包括近中期土地开发策略、城市重大基础设施布局等方面。总之，战略规划关注的是城市整体和长远发展的战略问题。

城市发展战略的制定应依据如下原则：一是要因地制宜，切合城市自身的特点和实际，不能生搬硬套其他城市的"成功模式"；二是要以人为本，充分考虑人的需求的满足和自我价值的实现，考虑社会各阶层利益的关系处理，维护社会公平正义；三是尊重自然，协调好经济发展与自然环境的关系，保证人与自然的和谐共存；四是把握阶段，城市

处于不同的发展阶段时，会有不同的阶段性任务，也应选择不同的发展模式。

城市发展战略研究主要包括总体战略目标、区域战略、产业发展战略、社会发展战略、生态保护利用战略、空间发展战略、重要体制机制创新等内容。

二、城市发展战略研究的主要方法

（一）内外发展环境分析

审视环境是考察城市未来发展前景的重要步骤，其目的是寻找、确认对城市未来至关重要的若干问题。我们可以综合选择自然地理分析、历史分析、流分析等多层次、多角度分析的方法，通过历史发展趋势、对标比较分析、经济发展预测、公众参与调查等分析方式，锁定城市发展过程中的关键性问题。在识别出这些战略问题后，有必要做进一步分析，对城市所涉及的每个战略问题做出更为精确的图景预测。这一分析主要根据两个部分完成：外部分析，指出外部环境所带来的关键性风险和良机；内部分析，列明所涉及的每项战略问题的组织实力和薄弱点。我们也可以从"纵向""横向"两个方面来解读城市："纵向"是以城市的"过去—现在—未来"为轴向，解剖所研究城市历史演变与发展的过程，从中找出它的某些规律和影响它发展的条件，从而推测和预见它未来的发展方向和途径；"横向"是指"比较"，即与区域内其他城市、与国内国外同类城市之间的比较，以找出自身的问题与差距。基于城市科学是一种交叉性学科的特点，决定了在研究方法上必须采取综合分析的方法，或者说是在分析基础上的综合。

（二）SWOT分析

SWOT分析法是从企业战略制定方法中借鉴而来，用以系统确认城市所面临的优势（Strength）和劣势（Weakness）、机会（Opportunity）和威胁（Threat），并据此提出应对战略的方法。SWOT分析提供了一个有效的整体视角以诊断城市发展是否健康，战略的制定必须着眼于城市自身资源禀赋与外部形势的良好契合。优势和劣势的分析一般是围绕着城市的内部环境，对区位条件、自然条件、社会历史条件、经济条件、城市建设条件等方面进行分析比较；而城市发展的机会和威胁则多是从城市的外部环境进行分析。这些分析既要深入，又要全面，要采用系统的方法和整体的思维，对城市发展的方方面面进行考察。

（三）多情景预测

城市的发展面临着复杂且不确定的内外环境，不能简单套用纯粹、线性的增长规划范式，缺少不同情景的发展预案，将可能给城市带来不可逆的经济社会成本和巨大的风险。因此，战略研究要对城市发展的多种情景进行系统讨论，通过对多方案的得失、利弊权衡来明确城市发展的关键策略，并提出可供备选的应对方案。

情景规划通过分析影响城市发展的主要不确定性因素及其可能状态，构建在综合要素状态下城市发展的可能情景，对不同情景进行结果模拟及比较分析，继而得出控制性（或引导性）的城市发展策略，为城市发展保留战略性空间；并通过对发展时机的识别，选择相应的空间方案，为城市依据发展时机及发展环境的不同，在不同情景下转换发展战略提供可能。

（四）"战略包"方法

"战略包"方法是在严密的研究流程下，将城市发展的战略选择分解为若干个独立的子战略，每个子战略都不是孤立的一条措施，它们代表了城市发展的几个重要节点或对象，相互之间可能产生交集。子战略是总战略所选择的战略包的组成部分，而每个子战略之下都包含了相应的措施、手段或具体形象特征，构成了针对子战略的战略包。"战略包"方法强化了各个战略的操作性和实现率，摒弃了"点子集锦"式的战略规划编制方法，有效地强化了各种创造性思维火花之间的内在逻辑关系，将其组织成为有力的工具，具有明确的事务导向性和清晰的目标。

三、城市职能与性质

（一）城市职能

城市职能是指城市在一定地域内的经济社会发展中所发挥的作用和承担的分工。城市是相对于乡村而言的一种高级聚落形式，是人类生产与生活活动高度聚集的场所，所以具有多种多样的职能，城市职能的着眼点就是城市基本活动部分。按照城市职能在城市生活中的作用，可将其划分为以下不同类型：

1. 一般职能和特殊职能

一般职能是指所有城市都必须具备的那一部分职能，如为本城居民服务的居住职能、教育职能、文化职能、商业职能、服务职能、管理职能、食品生产、印刷出版、公用事业等。特殊职能是指那些只有个别城市所具有的职能，如采矿业、机械加工业、旅游业、科技创新、信息中心、体育中心等，特殊职能较能体现城市性质。一般职能与特殊职能的分类有助于加深人们对城市职能的理解，但这只是一种静态的分类方法，它不能揭示城市职

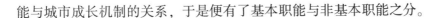

能与城市成长机制的关系，于是便有了基本职能与非基本职能之分。

2. 基本职能和非基本职能

基本职能是指城市为城市以外地区服务的职能；非基本职能则是城市为城市自身居民服务的职能。城市经济基础理论表明，基本职能是城市发展主动、主导的促进因素。

3. 主要职能和辅助职能

城市的主要职能是城市职能中比较突出的、对城市发展起决定作用的职能。为主要职能服务的一系列其他职能，即城市的辅助职能。

（二）城市性质

城市性质是指城市在一定地区、国家以至更大范围内的政治、经济与社会发展中所处的地位和担负的主要职能，由城市形成与发展的主导因素的特点所决定，由该因素组成的基本部门的主要职能所体现。城市性质关注的是城市最主要的职能，是对主要职能的高度概括。城市性质是对城市发展战略目标质量的高度概括，是城市发展的目标总纲，必须抓住主要矛盾，突出重点，切忌面面俱到。城市性质的确定，将会给城市发展带来持久而深远的影响。

不同的城市性质决定着各个城市规划的不同特点，对城市规模的大小、城市用地的布局结构以及各种市政公用设施的水平起着重要的指导作用。在编制城市总体布局规划时，首先要确定城市的性质，这是确定城市产业发展重点以及一系列技术经济措施及其相适应的技术经济指标的前提和基础。例如，交通枢纽城市和风景旅游城市，它们在城市用地构成上有着明显差异。明确城市的性质，便于在城市规划中把规划的一般原则与城市的个性化特点结合起来，使城市规划更加切合实际。

城市性质的确定，可从两个方面去认识：一是从城市在国民经济的职能方面去认识，就是指一个城市在国家或地区的经济、政治、社会、文化生活中的地位和作用。但对于多数城市，尤其是发展到一定规模的城市而言，常常兼有经济、政治、文化中心职能，区别只是在于不同范围内的中心职能。城镇体系规划规定了区域内城镇的合理分布、城市的职能分工和相应的规模，因此，城镇体系规划是确定城市性质的主要依据。二是从城市形成与发展的基本因素中去研究，认识城市形成与发展的主导因素，这是确定城市性质的重要方面。确定城市性质，一般遵循如下的原则：

1. 独特性原则

城市性质反映了城市的本质属性，它具有独特性，必须从与其他城市的对比中找出城市的特色职能，从而确定其性质。

2. 主导性原则

城市性质是城市主要职能的反映，而作为主要职能不会有很多，它对城市的产生与发展起着决定性的作用，因此，确定城市性质必须贯彻主导性原则。

3. 时效性原则

城市总是处于不断的发展变化之中，不同时期它所履行的主要职能有所不同，所表现出的城市性质也不完全一样。

4. 前瞻性原则

拟定城市性质，指明其未来的发展方向，目的是指导城市建设，规范其发展历程，因此，所拟定的城市性质必须具有前瞻性。

四、城市发展的规模预测

城市规模是以城市人口和城市用地总量所表示的城市的大小，对城市的用地及布局形态有重要影响。城市规模是科学编制城市总体布局规划的前提和基础，是市场经济条件下政府转变职能、合理配置资源、提供公共服务、协调各种利益关系、制定公共政策的重要依据，是国土空间规划与经济社会发展目标相协调的重要组成部分。

城市用地规模是指城市发展边界内各项城市用地的总和，其通常的预测依据是城市人口规模以及相应的人均城市用地面积标准，计算方法如下：城市用地规模＝城市人口规模×人均城市建设用地。因此，城市人口规模就成为城市规模预测工作的重要内容。城市人口规模就是城市人口总数，编制城市总体布局规划时，通常将城市建成区范围内的实际居住人口视作城市人口，即在建设用地范围中实际居住的户籍非农业人口、户籍农业人口以及暂住期在一年（或半年）以上暂住人口的总和。城市人口的统计范围应与相应地域范围一致，即现状城市人口与现状建成区、规划城市人口与规划建成区要相互对应。

总体规划中所采用的城市人口规模预测方法主要有以下几种：

第一，时间序列法。从人口增长与时间变化的关系中找出两者之间的规律，建立数学公式来进行预测。这种方法要求城市人口要有较长的时间序列统计数据，而且人口数据增减没有大的起伏。此种方法适用于相对封闭、历史长、影响发展因素较缓和的城市。

第二，相关分析法（回归分析法）。找出与人口关系密切、有较长时序的统计数据，且易于把握的影响因素（如就业、产值等）进行预测。此种方法适用影响因素的个数及作用大小比较确定的城市，如工矿城市、海港城市。

第三，区位法。根据城市在区域中的地位、作用来对城市人口规模进行分析预测。如确定城市规模分布模式的"等级-大小"模式、"断裂点"分布模式。此种方法适用于城镇体系发育比较完善、等级系列比较完整、接近克里斯泰勒中心地理论模式地区的城市。

第四，劳动平衡法、劳动比例法或职工带眷系数法。用基本人口、服务人口及总人口的比例关系来确定人口规模，或者用生产性劳动人口与总人口的比例来确定人口规模，或者根据职工人数与部分职工带眷情况来计算城市人口发展规模。此种方法适用于将有较大发展、国民经济和社会发展规划比较具体、人口统计资料比较齐全的中小城市和新兴工业区。

第五，综合平衡法。根据城市的人口自然增长和机械增长来推算城市人口的发展规模。此种方法适用于基本人口（或生产性劳动人口）的规模难以确定的城市，需要有历年来城市人口自然增长和机械增长方面的调查资料。

由于城市发展内外环境具有很大的不确定性，对城市未来人口规模的预测是一种建立在经验数据之上的估计，其准确程度受多方因素的影响，并且随着预测年限的增加而降低。因此，在实践中多采用以一种预测方法为主，同时辅以多种方法校核的手段来最终确定城市未来的人口规模。还有一些方法不宜单独作为预测城市人口规模的方法，但可以作为校核方法使用，例如环境容量法（门槛约束法）。所谓环境容量法，就是根据环境条件的约束性要求（环境承载的极值）来确定城市允许发展的最大规模。有些城市受某些自然条件的限制比较大，如水资源短缺、地形条件恶劣、断裂带穿越城市以致地震威胁大、可建设用地严重受限等，这些问题都不是目前的技术条件所能轻易解决的，或是要投入大量的人力和物力而导致经济上、生态环境上不可行。总之，由城市人口的增长而增加的经济效益明显低于扩充环境容量所需的成本，因此，环境容量在一定条件下就成为限制城市人口规模增长的关键性因素。

第二节　城市空间结构及其类型

一、城市空间结构与城市形态

结构是各种事物中各组成部分或各要素之间的关联方式，是表征各种事物存在的一个基本事实。城市空间结构是指城市各功能区的地理位置及其分布特征和组合关系，它是城市功能组织在空间上的投影，具有内部结构、边缘区结构和外部结构之分。城市空间结构的演化本质上在于社会经济的发展，促使了城市职能分化、城市规模扩大，这一切在空间上就表现为城市空间结构的变化。

城市形态（Urban Form）是聚落地理中的一个十分重要的概念，它包含了城市的空间形式（Spatial Pattern）、人类活动和土地利用的空间组织、城市景观（Urban Landscape）的描述和类型学（Morphology）分类系统等多方面的内涵。关于城市形态的概念，学者们有着不同的认识，并随着研究的深入而得到发展，归纳起来主要有以下几种：城市形态是城市空间的外部轮廓形状；城市形态是城市空间结构的整体表征形式；城市形态是城市平面、立面的形状和外观。有的学者认为，"城市形态是一种复杂的经济、文化现象和社会过程；是在特定的地理环境和一定的社会发展阶段中，人类各种活动和自然因素相互作用的综合结果；是人们通过各种方式去认识、感知并反映城市整体的意象总体"。城市形状、空间结构和形态是三个不同的概念，城市形状和结构是城市形态中两个重要的特征，因此可以把城市形态定义为：由结构（要素的空间布置）、形状（城市外部的空间轮廓）和相互关系（要素之间的相互作用和组织）所组成的一个空间系统。但是在实际的规划研究工作中，鉴于两者的紧密关联性，往往对城市空间结构、城市形态并不做十分明确的区分。

二、城市空间结构的类型和影响因素

（一）城市空间结构的类型

为了直观表述的需要，我们按照城市总体形态及其道路骨架形式，可以将常见的城市空间结构分为六类。

1. 网格状城市

这种结构形态较为规整，一般由横向和纵向的干道构成整个城市的骨架，城市方位的辨识性较好，城市空间持续生长容易，交通路径具有多选择性，但是也容易造成布局与景观上的单调。

2. 环形放射状城市

这种结构形态主要由放射形和环形的交通网络构成城市的整体骨架。这种结构形态的城市，内外交通的通达性一般较好，但是有着很强的向心性发展趋势，容易诱导各种要素向市中心的集聚而造成拥挤。

3. 星状城市

这种结构形态的城市往往是由于沿着交通走廊发展的结果，沿着对外交通走廊串珠状地分布着若干城镇组团，它们与中心城区发生着紧密的联系，但相互之间的联系一般较少。

4. 组团状城市

这种结构形态一般是根据自然地形或其他空间要素的分割而形成的，整个城市不是集聚的团块状，而是分散为若干功能、用地相对独立的组团，它们相互之间通过便捷的交通联系在一起，共同构成一个完整的城市功能系统。组团状城市可以避免城市集中摊大饼发展的缺陷，可以与周边的自然生态环境保持较好的接触，也保留了较大的空间发展弹性。但是，组团状城市也容易造成基础设施投入成本偏大、某些组团功能单一而发展动力不足等问题。

5. 带状城市

这种结构形态的城市往往是受地形限制，沿主要交通干道发展而形成的。带状城市虽然具有和自然环境紧密接触的优势，但是往往会造成交通过于集中于城市空间少数主轴线上，同时随着城市规模的扩大，城市基础设施的建设、配套成本也会大量增加。

6. 环状城市

这种结构形态和带状城市有一定的相似之处，往往是城市空间围绕一个水面或山体而呈带状延长，形成环形的结构形态。环状城市一般环湖或环山而建，可以较好地保持城市与自然环境的接近。但是，环形城市发展到后期，很难避免向中心部分扩展并侵蚀生态空间。

此外，按照城市伸展轴的组合关系、用地聚散状况和平面几何形状，也可将城市结构形态划分为集中型城市、群组型城市两大类型。需要说明的是，上述的区分都是为了简化研究、简化表述的需要，事实上一个城市尤其是大城市、特大城市的空间结构形态，多是由上述各种类型叠合而成的。客观而言，并不存在一个绝对、普适的最优城市空间结构形态，对任何一种城市空间结构优劣的评价，如果脱离了具体城市特点、具体环境条件来讲都是没有意义的。但是，我们可以通过研究分析尽量找到一种适合具体城市、具体发展阶段需要的较好结构。

（二）影响城市空间结构的因素

一个城市之所以具有某种特定结构与形态，这首先与城市所处的地理环境有很大关系。平原地区城市的结构和形态较为规整，山区城市的结构与形态则相对变化较大，受地形、地貌条件制约较深。同样，沿海、沿江城市的结构与形态与内陆地区城市的结构与形态也有较大的差别。另外，政治、经济和文化等因素对城市结构及形态的影响也是巨大的。

1. 经济因素

城市经济的优越性在于它的集聚经济和规模经济，不同产业组织的区位偏好和空间组织形式影响着城市空间结构。福特式工业大制造时代强调生产的规模经济，因此常常可以在城市中见到巨大的工厂和统一的工业区；弹性生产时代则强调个性，重品质而非数量，企业的规模小得多，在空间上也更为灵活分散；现代零售业倾向于大规模、专业化经营，其市场影响范围大于传统零售业；在全球化和知识经济时代下，CBD日益成为城市区域的商务中心、金融中心和跨国公司所在地，要求有更好的自然环境和先进的交流设施。

2. 技术因素

交通和通信技术直接影响着城市的空间结构，交通技术进步使单位距离的时间成本减少，直接促进了城市规模的扩大，如边缘城市（Edge City）在新古典经济学视角下的解释，是规模经济、可移动性和交通费用相互作用下的产物。在网络信息社会，信息服务设施的建设使得人们可以在网络服务覆盖的地区进行学习、工作和娱乐，创造了更多的异地交流方式，城市离心力大大增强。因此，随着信息基础设施的建设发展，城市空间结构也会出现一定的分散化、灵活化倾向。

3. 社会因素

一方面，城市文化传统形塑了公共空间的空间结构，内化于城市居民的日常活动，影响着人们对空间的选择与需求，深刻影响着城市空间的布局和形态；另一方面，城市社会空间结构包括人口结构、贫富分化等因素影响了城市的要素构成，从而影响着城市空间结构。例如，老龄化社会、青年型社会对城市空间的需求类型是不同的，处于不同成长阶段的家庭在城市中居住的区位选择也不相同。再如，经济实力较好的阶层居住在环境较好的地区，而经济拮据的外来人群往往只能租住城中村的出租屋或是郊区的简陋住房。

4. 政策因素

政治体制不同往往会影响土地制度，从而影响土地利用的结构形态。资本主义国家强调私人利益，一般实行土地私有制；社会主义国家强调集体利益，因此多实行土地公有制（国有制）。我国改革开放前城市用地实行行政划拨，行政因素对城市空间结构塑造起到关键作用；而西方城市用地则以市场交易为主，市场因素对城市空间结构起着主要作用。任何现代城市的空间结构都是被一系列复杂的制度网所覆盖，城市用地政策及其相配套的调控手段规定了区域的性质和空间活动，反过来又影响个体和集体的行为模式，即制度也在塑造空间。

三、城市空间的精明增长

（一）精明增长的目的与做法

一般认为精明增长有三个主要目的：通过对城市增长采取可持续、健康的方式，使得城乡居民中的每个人都能受益；经济、环境、社会可持续发展之间的相互耦合，使得增长能够达到经济、环境、社会的公平；新的增长方式应该使新、旧城区都有投资机会以得到良好的发展，因此精明增长特别强调对城市外围有所限制，而更要注重发展现有城区。

简要而言，精明增长提出的基本做法主要有如下一些方面：

一是保持良好的环境，为每个家庭提供步行休憩的场所。扩展多种交通方式，借鉴新城市主义的思想，强调以公共交通和步行交通为主的开发模式。

二是鼓励市民参与规划，培育社区意识。鼓励社区间的协作，促进共同制定地区发展战略。

三是通过有效的增长模式，加强城市的竞争力，改变城市中心区衰退的趋势。

四是强调开发计划应最大限度地利用已开发的土地和基础设施，鼓励对土地利用采用"紧凑模式"，鼓励在现有建成区内进行"垂直加厚"。

五是打破绝对的功能分区思想和严格的社会隔离局面，提倡土地混合使用、住房类型和价格的多样化。

"精明增长"理论被应用于解决城市蔓延问题，并提供了紧凑式发展的新开发模式，如公交导向发展模式（TOD）、划定城市增长边界等，产生了良好的效应。

（二）增长管理及其手段

实现精明增长的目标，要依托增长管理等政策手段。增长管理强调的主要方面包括：它是一种引导市场与私人开发过程的公共的、政府的行为；管理是一种动态的过程，而不仅仅是编制规划与后续的行动计划；必须强化预测并适应发展，而并不只是为了限制发展；应能提供一定的机会和程序来决定如何在相互冲突的发展目标之间求得适当的平衡；必须确保地方的发展目标，同时兼顾地方与区域之间的利益平衡。

"增长管理"与其说是一种理论，不如说是一套庞大的集区域经济发展、社会平衡、法律功效于一体的日常操作机制，其核心思想就是要把握城市开发的地点、程度和时机，着重从两个方面入手：在城市不该生长的地方坚决制止生长；在城市可以生长的地方，控制开发的量和度。在具体做法中，增长管理一般是通过划分城市增长的不同类型区域，对那些要促进增长的地区（优先资助区）予以鼓励和支持，而对不应该增长的地区（非优先资助区）则要求坚决予以控制，反映到空间开发的分配中通常划分为三种用地模式：城市化地区、不可开发地区、有条件发展地区。

（三）新城市主义的空间结构

新城市主义是体现精明增长理念的一种代表性理论。

新城市主义以"终结郊区化蔓延"为己任，倡导"以人为中心"的设计思想，努力重塑多样性、人性化、社区感的城镇生活氛围。新城市主义主要强调的是通过重新改造由于郊区化发展而被废弃的旧市中心区，使之重新成为居民集中的地点以建立新的密切邻里关系和城市生活内容，后来也发展到对有关郊区城镇采用紧凑开发的模式。从这个意义上理解，新城市主义是对西方过去城市更新、城市复兴政策的推进。新城市主义者给自己制定的明确任务包括：修复大城市区域现存的市镇中心，恢复与强化其核心作用；整合与重构松散的郊区，使之成为真正的邻里社区及多样化的地区；保护自然环境；维护建筑遗产，其最终目的是要扭转和消除由郊区化无序蔓延造成的不良后果，重建宜人的城市家园。为此，新城市主义者提出了三个方面的核心规划设计思想：重视区域规划，强调从区域整体的高度看待和解决问题；以人为中心，强调建成环境的宜人性以及对人类社会生活的支持性；尊重历史和自然，强调规划设计与自然、人文、历史环境的和谐性。

四、城市空间的精明收缩

城市收缩主要是经济全球化所带来的全球范围内城市增长不断分化的结果，不同于早先人口流动主要集中发生在城乡之间，在全球化环境中城市之间、区域之间的激烈的竞争，导致城市、区域之间产生繁荣、衰败的分化，一部分城市、地区因为资本转移、产业外迁、人口流失而越发处于竞争弱势端。城市收缩是全球化带来全球工业体系重构与城市竞争格局重塑的结果之一，对于全球化环境中的城市与区域而言，增长与收缩这两个进程可以同时发生、并行不悖。

（一）城市收缩的成因、机制与效应

城市收缩的现象、特征非常多元，有着深刻的地方性背景和地方性成因。从人口减少的生成机制看，有人口流失造成的总量相对减少，人口自然结构变化造成的总量绝对减少，抑或两者结合共同造成的结果。人口减少的生成机制是由不同的城市收缩驱动力造成的，前者主要是由经济结构调整、生态环境恶化、城镇空间结构调整造成的；而后者主要

是社会结构演化的结果。

从收缩的驱动力看，城市收缩主要是内部转型压力、外部环境变化等多因素共同作用下城市整体均衡格局（经济、社会、生态、空间中的一维或多维结构）被打破的结果。

一是经济结构调整。全球化和区域化带来资本、劳动力、技术等生产要素的流动，导致老工业基地的衰落与转型，许多城市由于过度依赖传统发展路径、产业结构转型滞后，导致经济衰退、就业减少及人口减少；部分城市服务业所带来的就业岗位难以补足工业衰退所流失的就业岗位，结果造成人口结构置换困难和总量减少。

二是社会结构演化。老龄化与少子化导致人口自然增长为负，总量减少。

三是生态环境恶化。气候变化导致部分地区人居环境恶化、宜居度降低，进而带来人口、产业的流失。

四是城镇空间调整。在区域、城市不同的空间尺度上均存在着发展重点的不同，那些"发展中心"地区不断吸引人口、经济、资本等要素，而边缘空间则处于生产要素流失的境况，由此加剧了空间的分异。例如在郊区化进程中，郊区成为人口、产业聚集的重点，这导致了中心城区的衰落；在城市中心复兴的过程中，城市中心对人口与活动的吸引力显著增强，由此可能导致一些郊区新城收缩。

（二）对城市收缩效应的辩证认识

当我们谈到城市收缩效应的时候，必须与另一个概念——"城市衰退"进行比较。事实上这两个概念之间存在着一定的差异：城市衰退是一个负面的词汇，而城市收缩则是一个具有中性色彩的概念。它们所带来的效应也是不同的：城市衰退是一个被动的、糟糕的结果，而城市收缩有可能是被动与主动并存的过程，很多的收缩是因衰退导致，但也可能是城市为了实现新一轮更聚焦的增长而主动采取的策略性收缩。之所以常常简单地混淆城市收缩与城市衰退的区别，甚至主观刻意回避对城市收缩的承认，归根结底是我们对于"增长"的痴迷——在全球竞争的环境中，恐怕没有哪个城市愿意主动承认、屈服于衰退和收缩的现实。

然而随着后工业化社会的发展，民众生活水平逐步提升、价值观念发生变化，城市的"宜居性"越来越取代单纯的经济增长而成为城市竞争力的核心组成部分，城市作为"增长机器"的角色趋于减弱，"人居之所"的角色日益得到重视，城市发展的目标不再是简单的经济增长，而是塑造一个更为宜居、有活力的城市。在后工业化、网络化时代，面对无法扭转的人口减少、经济减速、传统物理空间需求减少等趋势，收缩并非仅仅是因为城市衰退的结果，它也有可能被作为一种主动的应对策略拆除空置建筑、精简城市规模，通过精准有效的应对措施（例如产业结构转型、人口质量提升、主动发展聚焦等）来打造紧凑的空间环境，提升城市发展的效率与可持续性，从而主动避免城市的衰退。

（三）中国城市收缩类型与机制的独特性

中国的城市收缩主要分为三种类型：趋势型收缩、透支型收缩、调整型收缩。其中，趋势型收缩也是欧美国家最常见的类型，而透支型收缩、调整型收缩则更多的是中国特定国情下的产物。

1. 趋势型收缩

所谓趋势型收缩，就是在国家大的经济发展格局、城镇化格局中属于要素的净流出地区，而且从长远来看这种要素流出的趋势难以扭转，且日益加大，这些地区、城市面临着难以抗拒的收缩压力。应该说，处于趋势型收缩的城市基本上也是经济衰退的城市。例如美国的产业、人口由北方冰雪地带向南方阳光地带的转移就是如此，北方地区尤其是五大湖地区作为传统的制造业基地，过去几十年来一直经历着要素外流的巨大挑战，许多城市辉煌不再，收缩显著。近年来中国一些资源依赖型地区、资源枯竭型地区、区位劣势显著地区、欠发达地区的城市尤其是中小城市，也已经表现出趋势型收缩。

2. 透支型收缩

所谓透支型收缩，就是在某一特定的"大发展阶段"城市盲目扩张，为了增长而不切实际地拉大城市空间发展的框架，不仅政府超前投入了大量的公共财力，而且吸引了市场的大量盲动行为；但是当遇到经济下行的危机或结构调整的压力时，城市发展动力显著减弱，人口不足、要素集聚力不足，导致城市面临持续增长的危机，不得不去产能、去库存，这样的城市就面临着透支型的收缩。透支型收缩并不意味着城市一定陷入了不可扭转的趋势性、绝对性衰退，它有可能只是面临阶段性的增长乏力，因此这种收缩尚属于暂时性局部性的危机。但是，如果不能很好地应对透支型收缩，或者内外发展环境、动力基础长期难以改善，则有可能演变为趋势型的收缩。透支型收缩是中国城市收缩中一类常见的现象，也是具有鲜明"中国特色"的收缩类型。其之所以常见，是因为这种收缩现象的成因与中国特色的增长环境、政府绩效考核、土地财政及税收体制等密切相关。

3. 调整型收缩

所谓调整型收缩，是指城市为了应对当前与未来可能问题，而主动调整发展模式与路径，改变传统外延扩张性的发展模式，收缩或局部收缩城市的发展空间，或者收缩城市原先的规划框架和规模，从而实现更加聚焦、紧凑的增长，着力提升城市发展的质量。调整型收缩的城市未必陷入了明显的衰退，有些甚至是尚处于高速的增长过程之中，主要是城市政府主动采取积极的策略来进行控制和应对，避免城市的简单粗放发展，以实现更可持续、更高品质的精明增长。

在中国采取调整型收缩策略的城市主要包括两类：一类是因为考虑到国内外经济形势、产业等的变化，从而主动转型、升级原有的产业，加快对传统工业园区与旧城空间等存量用地的升级改造，主动采取措施收缩城市过大的发展框架，修正原先不切实际的规划版图；另一类是城市过度集聚导致空间不经济，住房、交通、污染等城市问题日益严峻，必须主动采取措施来控制城市规模的无限增长，甚至是采取强制手段向外疏散人口与产业。调整型收缩是城市发展中及时采取的明智之举，未必要等到衰退真正、全面发生时才被动应对，而是提前预判、主动出击，让城市发展顺利地实现模式转型、路径转轨和质量升级。我们应该看到，一方面，国际、国内大的发展形势变化，以及中国国土空间、城镇化格局与经济发展格局的非均衡性，中国未来必将有众多的城市面临着收缩甚至是衰退的压力；另一方面，相比于西方国家，中国特色的各级强势政府握有制定城市发展策略、调控发展资源的巨大能力。统筹考虑以上两个方面的因素，如果更多的城市政府能够清醒、理智而前瞻地采取主动的收缩策略，将能使得这些城市很好地规避未来可能的衰退风险，有效地降低代价。构建一个弹性、可生长、可收缩的城市空间结构是至关重要的，这是城市能得以保持发展持续性的关键；我们必须改变粗放扩张的发展路径，更多地关注城市的内涵发展，注重存量规划时代的城市更新；积极进行城市结构重整，聚拢发展重点，提升空间品质魅力，增强空间发展活力。此外，还需要说明的是，与城市的收缩相比，由于中国的城镇化水平尚未达到稳定的状态，城乡二元结构还比较显著，所以在未来相当长的一段时期内，乡村地区的收缩将更为显著。如何有序实现乡村人口与空间的精明收缩，避免出现简单、失控的大面积乡村衰败，是中国科学理性实施乡村振兴战略的重要内容。

第三节　城市空间布局的原则与方法

一、城市总体布局的主要模式

城市总体布局模式是对不同城市形态的概括表述，城市形态与城市的性质规模、地理环境、发展进程、产业特点等相互关联，具有空间上的整体性、特征上的承传性和时间上的连续性。一般来说，城市总体布局主要有以下两种模式：

（一）集中式城市总体布局

这种布局的主要特点是城市各项建设用地集中连片发展，就其道路网形式而言，可分为网络状、环状、环形放射状、混合状，以及沿江、沿海或沿主要交通干道带状发展等模式。

集中式布局的优点是：

第一，布局紧凑，节约用地，节省建设投资。

第二，容易低成本配套建设各项生活服务设施和基础设施。

第三，居民工作、生活出行距离较短，城市氛围浓郁，交往需求易于满足。

集中式布局的缺点是：

第一，城市用地功能分区不十分明显，工业区与生活居住区紧邻，如果处理不当，易造成环境污染。

第二，城市用地大面积集中连片布置，不利于城市道路交通的组织，因为越往市中心，人口和经济密度越高，交通流量越大。

第三，城市进一步发展，会出现"摊大饼"的现象，即城市居住区与工业区层层包围，城市用地连绵不断地向四周扩展，城市总体布局可能陷入混乱。

（二）分散式城市总体布局

这种布局的主要特点是城市分为若干相对独立的组团，组团之间大多被河流、山川等自然地形、矿藏资源或对外交通系统分隔，组团间一般都有便捷的交通联系。这种发展形态是受到城市用地条件限制而产生的。

分散式布局的优点是：

第一，布局灵活，城市用地发展和城市容量具有弹性，容易处理好近期与远期的关系。

第二，接近自然，环境优美。

第三，各城市物质要素的布局关系井然有序，疏而有致。

分散式布局的缺点是：

第一，城市用地分散，浪费土地。

第二，各城区不易统一配套建设基础设施，分开建设成本较高。

第三，如果每个城区的规模达不到一个最低要求，城市氛围就不浓郁。

第四，跨区工作和生活出行成本高，居民联系不便。

城市布局形式是在多种因素的共同作用下形成的，是随着生产力的发展、城市性质的演进、城市规模的扩张、城市发展阶段的演变而不断发展变化的。一般来说，中小城市总体布局模式以向心集中型为主，总体上趋于单中心、紧凑的空间结构；而大城市、特大城市更倾向于多中心、分散式总体布局模式，从而形成"中心城区+卫星城"的大都市区结构。

二、城市空间布局的主要原则和内容

（一）城市空间布局考虑的因素

城市土地利用格局的形成，是土地利用用途对其区位条件选择的结果。城市土地利用格局的形成源于城市的建立，不同原因建立的城市其土地利用方式不同，土地利用格局结构也不一样。城市建设和发展受到生产力布局规律的制约。

决定区位选择的因素也呈现多样化，地价不仅仅受直接距离的影响，而且也受到交通节点分布、通达性效果、环境氛围等多因素的影响。例如，在市中心向郊区放射性道路沿线，以及放射性道路和环形高速公路的交叉点，往往也是商业、服务业、制造业的集聚地，或为地价的次高点。

城市土地利用格局的形成主要取决于城市居民生产和生活的需要，人口总是向劳动报酬高的地域转移，生产企业总是向生产成本较低的地域迁移，商贸总是在人流、物流和信息流流量大、市场发达的地区集聚，科技和管理机构总是向信息资源丰富、消息灵通的地方迁移。城市中不同部门对土地区位的选择，形成了不同的土地利用格局。

城市土地利用格局也是城市中不同土地用途进行空间竞争后的结果。不同的用地行为对城市土地地价的承受能力是不一样的，一般来讲，综合区位条件越优越、环境越好地段的用地，将不断被能够承受高昂地价的用地行为（如商贸、商务办公、高档居住等）所占据，而对地价承受能力比较低的用地行为（如仓储、工业等）则不断外迁。

我们对城市空间进行布局，一方面要认识、尊重并顺应城市空间发展的规律，但是另一方面也要认识到，完全放任地价竞租、市场选择等因素的作用，会导致城市空间布局的失序、失衡，许多具有公共利益、生态价值的空间将难以保证，城市的社会经济可持续发展难以保证。因此，空间规划的更大意义在于主动影响、干预、调控城市空间布局的形成，使之符合城市发展的多元目标，统筹实现经济、社会与生态效益的统一。

简要而言，城市空间布局中考虑的主要因素有以下方面：

1. 各种用地所承载的功能对用地的要求

例如，居住用地要求具有良好的环境，商业用地要求居于人流密集地区、交通设施完备，工业用地要求用地规则平整、对外运输方便等。

2. 各种用地的经济承受能力

在市场经济环境下，各种用地所处位置及其相互之间的关系主要受经济因素影响。对地租（地价）承受能力强的用地种类，例如商业用地、商务金融用地在区位竞争中通常处于有利地位，当商业商务用地规模要扩大时，往往会侵入其临近的其他种类的用地，并取而代之。

3. 各种用地相互之间的关系

由于各类城市用地所承载的功能之间存在相互吸引、排斥、关联等不同的关系，城市用地之间也会相应地反映出这种关系。例如，大片集中的居住用地会吸引为居民日常生活服务的商业用地，而排斥那些有污染的工业用地或其他对环境有影响的用地。

4. 规划因素

虽然总体规划需要研究和掌握在市场作用下各类城市用地的分布规律，但这并不意味着对不同性质用地之间放任它们自由竞争。国土空间规划所体现的基本精神恰恰是政府对市场经济的有限干预、主动干预，以保证城市空间发展整体的公平、健康和有序。因此，国土空间规划的既定政策也是左右各种城市用地位置及相互关系的重要因素。

（二）城市空间布局的主要原则

1. 城市空间布局的一般原则

（1）点面结合，统筹安排城乡空间

要注重区域协调，把城市视为一个点，而将其所在的区域或更大的范围视为一个面，点面结合，分析研究城市在地区国民经济发展中的地位和作用。如此，城市与乡村、工业与农业、市区与郊区才能得到统筹考虑、全面安排。

（2）功能协调，统筹城市各类用地布局

城市中的用地类型众多，各自有着不同的区位偏好要求，但是相互之间又会产生影响。要合理布置好对城市发展极其重要但又可能对城市生活、空间结构产生重大影响的各类产业用地，特别是工业用地的布局。统筹协调产业空间、居住空间、交通运输、公共绿地等用地之间的关系，根据具体实际，处理好空间功能分区与功能混合的关系。

（3）兼顾新旧，统筹旧区改造与新区的发展需要

新区与旧区要实现共融、协调发展、相辅相成，使新区为转移旧区某些不合适的功能提供可能，为调整、充实和完善旧区功能和结构创造条件。随着中国城镇化阶段的发展及国土资源空间约束的趋紧，要越来越关注存量空间的再利用和城市的更新，努力让城市中衰退的地区实现复兴。

（4）结构清晰，交通支撑有力且内外交通便捷

要合理划分、组织城市的功能分区，使功能明确、规模适当，避免将功能不兼容的用地混淆在一起，造成相互干扰；但也不要片面追求单纯的功能分区，要避免将功能区划分得过于单一，导致空间联系离散。通过多层次、多类型的交通网络有机联系城市各功能区，实现市内交通与对外交通差异有序、方便衔接。

（5）时序得当，留有发展余地

城市要不断发展、更新、完善和提高，要注重城市用地功能组织及其发展的时序，在各个阶段都能互相衔接、配合协调。特别要合理确定近期建设方案，加强预见性，在布局中留有余地，空间上适当"留白"在定向、定性上具有可调整性，在定量上具有可伸缩性，在空间定位上具有可变动性。

2. 城市总体布局的艺术性

城市总体布局应当在满足城市相关功能要求的前提下，聚焦以人为本、以人民为中心的目标，努力满足人民群众对美好生活的需求。充分利用自然和人文条件对城市空间进行整体设计，创造优美宜居、充满魅力的城市环境和形象。

（1）城市用地布局艺术

城市用地布局艺术指用地布局上的艺术构思及其在空间的体现，把山川河湖、名胜古迹、园林绿地、有保留价值的建筑等有机组织起来，要处理好历史与现代、本土与外来、人工与自然等的关系，形成城市景观的整体框架。

（2）城市空间布局体现城市审美要求

城市之美是城市环境中自然美与人工美的结合，不同规模的城市要有适当的比例尺度，城市之美在一定程度上反映在城市尺度的均衡、功能与形式的统一上。不要搞奇奇怪怪的建筑，但也要努力避免"千城一面"的城市形象。

（3）城市空间景观的组织

城市中心和干道的空间布局都是形成城市景观的重点，是反映城市面貌和个性的重要因素。城市总体布局应通过对节点、路径、界面、标志、区域的有效组织，创造出具有特色的城市中心和城市干道的艺术风貌。城市轴线是组织城市空间的重要手段，通过轴线，

可以把城市空间组成一个有秩序、有韵律的整体，以突出城市空间的序列感和秩序感。

（4）继承历史传统，突出地方特色

在城市总体布局中，要充分考虑每个城市的历史传统和地方特色，保护好有历史文化价值的建筑、建筑群、历史街区，使其融入城市空间环境之中，创造独特的城市环境和形象，突显对中华文化的自信。

（三）城市空间布局的主要内容

为了满足各项城市活动的需要，就必须有相应的不同功能的城市用地进行承载。各种城市用地之间，有的相互间有联系，有的相互间有依赖，有的相互间有干扰，有的相互间有矛盾，这就需要在城市总体布局中按照各类用地的功能要求以及相互之间的关系，加以统筹组织，使城市空间成为一个协调的有机整体。因此，城市总体布局任务的核心是城市用地的功能协调组织，主要包括以下一些方面：

1. 按居住区、居住小区等组成梯级布置，形成城市生活居住区

城市生活居住区的规划布置，应能最大限度地满足城市居民多方面和不同程度的生活需要。一般情况下，城市生活居住区由若干个居住区组成，根据城市居住区布局情况配置相应公共服务设施的内容和规模，满足合理的服务半径，形成不同级别的城市公共活动中心（包括市级、居住区级等中心），这种梯级组织能更好地满足城市居民的实际需求。城市居住区根据人口规模和服务半径的不同，又分为居住区、居住小区和居住组团等不同的层次结构。

2. 按居民工作、居住、游憩等活动的特点，形成城市的公共活动中心体系

城市公共活动中心通常是指城市主要公共建筑物分布最为集中的地段，是城市居民进行政治、经济、社会、文化等公共生活的中心，是城市居民活动十分频繁的地方。如何选择城市各类公共活动中心的位置，安排什么内容，以及如何合理规划，就成为城市总体布局的任务之一。这些公共活动中心包括社会政治公共活动中心、科技教育公共活动中心、商业服务公共活动中心、文化娱乐公共活动中心、体育公共活动中心等不同类型，在一个城市中根据实际情况，这些中心可以单独设置，也可以若干类型中心进行组合设置。

3. 按组群方式布置工业企业，形成城市工业集中区

工业是城市经济发展的重要内容，发展工业是推动城镇化进程、保持城市经济社会可持续发展的必要手段之一。由于工业用地的选址要求不一、占地普遍较大，而且具有不同程度的外部影响效应，因此，合理安排工业区与其他功能区之间的位置，处理好工业与居

住、交通运输等各项用地之间的关系，是城市总体布局的重要任务。

由于现代化的工业组织形式和工业劳动组织的社会需要，无论在新城建设还是旧城改造中，都力求将那些单独的、小型的、分散的工业企业按其性质、生产协作关系和管理系统，组织成综合性的生产联合体，或按组群分工相对集中地布置成工业区。工业区要协调好与水陆交通系统的配合，协调好工业区与居住区的方便联系，控制好工业区对居住区、商业区、休憩区等功能区及对整个城市的环境干扰。

4. 结合自然资源禀赋条件与城市各功能要素

绿地、水面等自然资源基底是改善城市环境、调节小气候、构成城市休憩游乐场所的重要因素，应把它们均衡分布在城市各功能组成要素之中，并尽可能与郊野大片绿地（或农田）相连接，与江河湖海水系相联系，与城市总体特色风貌景观塑造相结合，形成完整、有机的城市蓝绿空间体系。居民的休憩与游乐场所，包括各种公共绿地、文化娱乐和体育设施等，应将它们合理地分散组织在城市中，以最大限度地方便居民日常利用。在城市总体布局中，既要考虑在市区（或居住区）内设置可供居民休憩与游乐的场所，也要考虑在市郊独立地段建立规模较大的休憩空间，以满足城市居民的短期（如节假日、双休日等）休憩与游乐活动需要。布置在市区的休憩空间一般以综合性公园等形式出现，而布置在市郊的则一般为森林公园、风景名胜、休闲营地、大型游乐场等，近年来，城市近郊的一些"美丽乡村"也逐渐扮演了郊野休憩空间的角色。

5. 按交通需求和不同交通性质类型，统筹协调组织，形成城市交通系统

城市交通系统是一个由人、货、车、交通设施、配套环境等组成的相当复杂的动态大系统，是对城市经济社会活动、空间要素配置的重要支撑。在城市总体布局中，城市交通系统规划占有特别重要的地位，它必须与城市居住区、商业区、工业区等各类功能区的分布相关联，它的类型及等级划分又必须遵循现代交通运输对城市本身以及对交通系统的要求；此外，还要考虑与城市，对外交通方式的有机衔接等。因此，它是一个非常复杂的系统协调工作。

以上几个方面构成了城市总体布局的主要内容，但还不是全部内容。简而言之，城市总体布局就是要使城市用地功能组织建立在各功能区的合理分布基础之上，综合考虑相互有关联的问题，进行空间要素配置布局的统筹协调，从而使城市各部分之间有便捷的交通联系，使城市建设有序结合，使城市各项功能得以充分发挥，使城市特色风貌得以充分体现。

三、主要功能用地布局的要点

在城市各种主要用地的规模大致确定后，就要将其落实到具体的空间中去。城市空间总体布局要按照各类城市用地的分布规律，并结合规划所执行的政策与方针，明确提出城市上地利用的规划方案，同时进一步寻求相应的实施措施。

（一）居住用地规划布局

随着经济社会的发展，人们对美好生活的要求不断提高，居住用地是城市中最重要、最核心的用地类型。居住用地的规划布局就是要为居住功能选择适宜、恰当的用地，并处理好与其他类别用地的关系，同时确定居住功能的组织结构，配置相应的公共设施系统，创造良好的居住环境。

居住是城市最基本的功能，所以居住用地在城市用地中占有较大的比例。影响城市居住用地规模的因素较多，例如，城市地理位置、城市性质、地形条件、经济发展水平、建筑形式以及生活习惯等。但是，这些间接影响居住用地规模的因素都可以换算成像居住人口密度或住宅建筑密度这样的直接指标，根据城市人口预测中的人口规模，结合城市平均或分地区的居住人口密度或住宅建筑密度，就可以计算出城市居住用地的总规模。现实的城市居住用地中除容纳新增城市人口外，还必须考虑到现有城市人口对居住条件改善的要求、一部分现状居住用地转为其他类型的用地等问题。而且当城市中存在多种类型的居住建筑形态时，还要考虑到各种类型之间的比例。

选择居住地点是每个生活在城市中的居民必须做出的选择，不外乎出于对安全、舒适、便捷、经济、社会交往等方面的考虑，同时这些考虑还要照顾到家庭中的每一个成员。城市总体布局最终要明确居住用地以何种方式分布在城市中什么样的区位。换言之，城市总体布局要遵循居住用地的分布规律，并按照既定的规划方针将城市发展所要增加（或转变）的居住用地落实到具体的空间中去。虽然城市居住用地的布局呈现出多种多样的形态，但基本上应遵循以下原则：首先，根据居住用地既要形成一定规模的社区，又要接近就业中心等特点，居住用地的分布既不能过于零散，也不宜在城市中某一地区过于集中地连续布置。随着城市规模的扩大以及城市功能的复杂化，或者受城市用地条件的限制，居住用地更趋于与其他功能用地结合，形成相对分散的组团式布局。其次，由于居住用地在城市用地中占有较大的比例，所以居住用地的分布形态与城市总体布局形态往往是相互协同的。此外，由于市场因素的影响，居住用地的密度通常与距离城市中心的距离成反比，当然，轨道等公共交通的便捷情况、重大公共服务设施的分布情况等，也会对居住密度的分布产生一定的影响。

从世界范围看，城市内的居住空间分异是一个普遍的现象，人们因为经济、阶级、文化、民族等因素的差异从而在居住空间上形成分隔，导致"马赛克式"的居住空间分异。居住分异是很难绝对避免的，但是也必须将其控制、限定在一定程度之内，否则就可能导致社会的冲突和危机。因此，在居住空间布局中要尽量避免形成或者加剧居住分异，要努力促成不同居住人群之间的交往融合。例如，不要在城市中简单地规划建设豪宅区、贫民区，即使以往居住空间分异的格局已经形成，规划也要努力通过公共空间、公共设施的营建，促进不同人群之间能够有一定的共享和交流，从而缓和社会矛盾。

（二）公共设施用地规划布局

城市中的一些用地是用以满足大多数市民多种活动需求的，例如满足市民购物活动需求的商业用地，满足开展商务交往的商务办公用地，为广大民众的工作与生活提供支持与服务的行政管理机构用地等，虽然这些用地所承载的活动内容不同、目的不同，甚至利用形态千变万化，但它们之间的共同特征就是面向广泛的非特定的利用对象，因而称之为公共设施用地。由于在该类用地中活动的人员是非特定的，其活动内容带有不同程度的公共性，并且容纳这些公共活动的建筑物通常体量较大、特点明显，因此一般也是形成城市景观风貌及城市印象的重要地区，并在城市中形成不同类型、不同层级的中心。在该类用地中，商务办公、商业服务等一部分用地承载着高强度的城市经济活动，通常伴随着较高的土地利用强度，比较直观地反映为明显高于周围地区的容积率与建筑物高度。所以，该类用地也可以承受较高的地租（地价），并在规模需求扩大时，将侵入和取代邻近的其他种类用地。

城市总体布局要按照不同公共设施的空间分布规律和要求进行统筹安排，一般遵循以下几条原则：

1. 建立符合客观规律的完整体系

公共设施用地，尤其是商务办公、商业服务等主要因市场因素变化的用地，其规划布局必须充分遵循其分布的客观规律。同时，结合其他用地种类，特别是居住用地的布局安排好各个级别设施的用地，以利于商业服务设施网络的形成。

2. 采用合理的服务半径

对于医疗诊所、学校、银行、邮局、派出所等与市民生活密切相关的社区设施主要根据市民的利用频度、服务对象、人口密度、交通条件以及地形条件等因素，从方便市民生活的角度出发，确定合理的服务半径。据此，近年来很多城市提出了打造 5 分钟、10 分钟等宜居生活圈的概念。

3. 与城市交通系统相适应

大部分全市性的公共设施用地均须位于交通条件良好、人流集中的地区。城市公共设施用地的布局要结合城市交通系统规划进行，并注意到不同交通体系所带来的影响。在轨道公共交通较为发达的大城市中，位于城市中心的交通枢纽、换乘站、地铁车站周围通常是安排公共设施用地的理想区位。而在以汽车交通为主的城市中，城市干道两侧、交叉口附近、高速公路出入口附近等区位更适合布置公共设施用地。此外，社区设施用地的布局也要根据城市干道系统的规划，结合区内步行系统的组织进行。

4. 考虑形成城市景观的影响

中央商务区中林立的高层建筑、造型独特的大型公共建筑，常常是形成城市景观的主要因素。因此，公共设施用地的布局要与有关城市景观风貌的规划设计构思相结合，以形成城市独特的景观和三维空间形象。

5. 与城市发展保持动态同步

公共设施用地布局还要考虑到对现有同类用地的利用和衔接，以及伴随城市发展分期实施的问题，使该类用地的布局不仅要在城市发展的远期趋于合理，而且要与城市发展保持动态同步的状态。

（三）工业用地规划布局

工业不但是城市经济发展的支柱与动力，而且是提供大量就业岗位、接纳劳动力的主体。工业生产活动通常占用城市中大面积的土地，伴随包括原材料与产品运输在内的货运交通，以及以职工通勤为主的人流交通，同时还在不同程度上产生影响城市环境的废气、废水、废渣和噪声，尤其是对居住用地造成不良影响。此外，伴随工业用地产生的大量货运交通，将对城市交通、城市对外交通设施均产生一定的影响。因此，工业用地是城市空间总体布局中须要认真研究、统筹协调的一种类型。

影响工业用地选址布局的因素主要有两个方面：工业生产自身的要求，包括用地条件、交通运输条件、能源条件、水源条件，以及获得劳动力的条件等；是否与周围的用地兼容，并有进一步发展的空间。按照工业用地在城市中的相对位置，一般可以分为以下几种类型：

1. 城市中的工业用地

通常无污染、运量小、劳动力密集、附加价值高的工业（也称之为都市工业），趋于以较为分散的形式分布于城市之中，与其他种类的用地相间，形成混合用途的地区。

2. 位于城市边缘的工业用地

对城市有一定污染和干扰，占地与运输量较大的工业更多地选择在城市边缘地区，形成相对集中的工业区。这样，一方面，可以避免与其他种类的城市用地之间产生矛盾；另一方面，城市边缘区也更容易获得相对廉价的土地和扩展的可能。这种工业区在城市中可能有一个，也可能有数个。

3. 独立存在的工业用地

因资源分布、土地资源的制约甚至是政策因素，一部分工业用地选择与城市有一定距离的地段，形成独立的工业用地、工业组团或工业区，例如矿业城市中的各采矿组团、作为开发区的工业园区等。此外，生产易燃、易爆、有毒产品的工业区因必须与城市主体保持一定的距离，通常也形成独立的工业用地（区）。当独立存在的工业用地形成一定的规模时，通常伴有配套的居住生活用地，以及通往主城区的交通干线的需求。

本着满足生产需求、考虑相关企业间的协作关系、利于生产、方便生活、为自身发展留出余地、为城市发展减少障碍等原则，城市空间布局规划应从各个城市的具体实际出发，按照恰当的规模、选择适宜的形式来进行工业用地的布局。

（四）仓储用地规划布局

仓储用地与工业用地有着很强的相似性和相关性，例如，均需要大面积的场地、便捷的交通运输条件，部分仓库有危险等。这里所指的仓储用地仅限于城市中专门用来储存物资的用地，并未包括企业内部用以储藏生产原材料或产品的库房，以及对外交通设施中附设的仓储设施用地。仓储用地一般分为：普通仓库用地；危险品仓库用地；堆场用地。按照仓库的使用性质也可以分为：储备仓库，转运仓库，供应仓库，收购仓库等。此外，用作大宗商品流通、批发活动的用地，如物流中心、大型批发市场等，也具有某些仓储用地的特点。

仓储用地的布局通常从仓储功能对用地条件的要求，以及与城市活动的关系这两个方面来考虑。首先，用作仓储的用地必须满足一定的条件，例如地势较高且平坦，但有利于排水的坡度、地下水位低、承载力强、具有便利的交通运输条件等。其次，不同类型的仓储用地应安排在城市不同的区位。其原则是与城市关系密切，为本市服务的仓储设施，例如综合性供应仓库、本市商业设施用仓库等应布置在靠近服务对象、与市内交通系统联系紧密的地段；对于与本市经常性生产、生活活动关系不大的仓储设施，例如战略性储备仓库、中转仓库等，可结合对外交通设施，布置在城市郊区。因仓储用地对周围环境有一定的影响，规划中应使其与居住用地之间保持一定的卫生和安全防护距离。此外，危险品仓库应单独设置，并与城市其他用地之间保持足够的安全防护距离。

四、城市土地合理利用评价

城市总体布局是一项系统统筹的工作，其目的是实现对城市土地的合理利用。所谓城市土地合理利用，一般认为是对城市土地按照规划规定的用途进行利用，从而实现经济、社会与生态综合效益最大化的土地利用格局。对城市土地合理利用的评价，主要从下列三个方面进行：

（一）城市土地利用的适宜性评价

城市建设深受土地自然属性及自然环境景观的制约，因此，土地利用的适宜性评价是城市用地空间布局的基础。所谓城市土地的适宜性评价，便是根据城市建设利用需求与土地质量相匹配的原则来评定土地满足城市相应功能需求的可能性与限制性，其主要内容包括以下方面：

第一，城市土地作为建设用地的适宜性，主要从地基承载力、遭受自然灾害的危险程度、土地整理工作量的大小等方面来论证城市土地进行工程建设的适宜性与限制性。

第二，城市土地生产布局的适宜性，主要从土地的形态特征、土地性质、环境污染的自净能力及具体建设项目生产布局的要求等方面来考察和选择土地的适合用途。

第三，城市景观设计的适宜性，主要从土地的自然特征出发，衡量土地作为城市风貌设计的环境基础、所具有的美学质量和景观结构，探讨土地作为风景资源利用最优化的途径，充分发挥土地生态系统所具有的最大审美功能。

（二）城市土地利用的经济性评价

城市土地利用的经济性评价是在特定的目的下，对土地的质量和使用效益在城市空间分布的差异情况进行评定，并确定其作为资产的价值和作为生产要素加以利用的经济效益。城市土地价值和收益能力的形成，同城市空间集聚程度密切相关，集聚越强，所能提供的服务种类因需求的增加而越趋于多样化。由于各种产业资本的组合构成不同，它们对土地成本的承载能力有差别，而在空间上按经济规律便形成了不同的分布，并由于土地利用分区及邻接关系，土地的经济产出贡献因之增大或减小。城市土地利用的经济性评价，主要通过以下几个方面的研究来完成：

1．城市土地定级和估价

这是土地经济评价的最基本方面，是根据影响土地质量、土地区位、土地利用效益的经济、自然、社会因素及其贡献大小来评定土地的使用价值和价格。土地的使用价值大，其分等定级的类别和土地价格也较高，土地等级与价格存在着一定的对应关系。土地等级和价格的确定从一定意义将明确城市经济发展过程中土地贡献的本底值。

2．土地上投入—产出的效率

城市土地利用在经济上是否合理，不能单纯地用土地上所获得的收益多少来判断，而应该通过土地利用总收益与土地价格的差值来反映。在土地等级（或价格）相同的情况下，其差值越大，说明土地上经济投入产出的效率越高，土地利用的经济性越合理。

3．土地保护的支出

城市土地的合理利用是一个长期的动态发展过程，并不能只以当前的土地投入—产出效率和利润多寡来衡量。如果土地利用虽然在当前有较高的效益，但却以牺牲以后的长远效益为代价，那么它就是一种不可持续的使用。对土地利用中不可避免的生态平衡破坏，必须及时进行新的生态平衡建设，即进行土地生态保护。对土地利用开发经济效益的核算，应当扣除其中有关资源环境生态保护的支出成本。

城市土地利用的经济性评价是以经济效益为中心进行的，是对城市土地资产管理的科学依据，也是建设项目可行性分析的重要组成部分。但是，城市土地利用的经济效益同社会效益、生态效益是密切相关的，若只顾眼前的经济效益，而不顾社会效益和生态效益，最终必然导致土地资源利用失序、土地供求关系和城市生态环境恶化等，造成巨大的资源环境损害、经济损失与社会矛盾，即使采用有关措施强行维持城市土地利用的现有格局，进行环境保护的费用支出也将十分昂贵。

（三）城市土地利用的潜力评价

从经济、社会、生态效益等多元统筹的角度考虑，理论上，一个城市的空间发展应该存在着一个合理的规模，城市用地的扩张应当有一个限度，而不是任面积随意增大。城市土地利用潜力评价，就是从区域社会经济发展水平、自然环境和生态环境限制、城市基础能力等方面来探讨城市土地水平扩张和垂直扩展的能力，通过城市功能区的空间替代或重新划分区域来实现土地增值效益的能力与可能性，以及这些能力与效益发挥的程度。城市土地利用潜力评价反映了城市土地利用的前景和土地开发的创新能力，它可以直接服务于城市的可持续发展。城市土地利用潜力评价，其中心任务包括以下方面：

1. 城市土地开发的空间扩张潜力评价

它是根据城市发展趋势，提出城市土地利用时供选择的用地规模和动态分区结构。城市规模的确定，不能只看其人口与经济规模蓄积的可能性，也要分析水土、资源环境的承载能力。

2. 城市土地的建造潜力评价

它是根据城市规划和景观设计、城市经济发展需求与基础设施条件，提出土地利用中合理的城市建筑密度和容积率。以适当的土地利用强度指标和土地经济产出指标来控制土地利用，既不容许土地粗放经营，也不容许土地过度开发。

3. 城市更新和用地重划潜力评价

它是通过旧城改造，理顺土地权属关系，调整土地利用用途，根据土地利用的最佳用途选择来论证城市土地增殖的潜力和城市综合开发的效益。

第四节　城市用地布局与城市综合交通系统

城市交通是城市总体空间布局的骨架，而城市用地布局又会对城市交通产生重要的影响，城市用地布局与城市交通之间存在着紧密的关系，因此要满足城市用地的合理布局，从交通产生的源头上优化交通分布。第一，城市总体上要形成多中心的组团式格局，城市用地要综合统筹布局，组团内要做到功能基本完善，减少不必要的交通发生量；第二，要处理好城市用地布局与交通系统的关系，通过与用地布局相协调的城市交通系统的功能组织，优化城市交通与道路系统；第三，要有交通分流的思想和功能分工的思想，按照因用地而产生的不同交通功能要求，合理地布置不同类型和功能的道路，在不同功能的道路旁布置不同性质的建设用地，形成道路交通系统与城市用地布局的合理配合关系；第四，要组织好组团内交通和跨组团交通、生活性交通和通过性交通等的关系，简化、减少交通冲突与矛盾。

一、城市综合交通的构成与作用

交通就是"人与物的运送和流通"，是人与物实现空间位移的载体。交通是人类进行生产、生活的重要需求之一，凡是有人的活动就离不开交通。广义的交通包括城市对外交通（也称区域交通）、城市内部交通（也称城市交通），涉及城市中地面、地下、空中交通等各种交通方式。城市内部交通主要通过城市道路系统、城市轨道系统来组织；而城市对外交通则是以城市为起点与外部空间相联系的交通，如铁路运输、水路运输、公路运输、航空运输，以及管道运输等。城市对外交通与城市内部交通具有相互联系、相互转换的关系。

从形式上讲，城市综合交通可分为地上交通、地下交通、路面交通、轨道交通、水上交通等。从运输性质上讲，城市综合交通又可分为客运交通和货运交通两大类型。客运交通是人的运送行为，是城市交通的主体，分布在城市的每个地方；货运交通是货物的流动，其主要部分分布在城市外围的工业区和仓储区。从交通的位置上讲，城市综合交通又可分为道路上的交通和道路外的交通。简而言之，综合交通系统是由城市运输系统（交通行为的运作）、城市道路系统（交通行为的通道）和城市交通管理系统（交通行为的控制）组成的，其中，城市道路系统是为城市运输系统完成交通行为而服务的，城市交通管理系统则是整个城市交通系统正常、高效运转的保证。

城市综合交通发展程度与一个国家、地区和城市的经济水平、能源状况、科技水平以及人民生活水平等有密切关系，而交通的发展又促进了经济、文化的发展，特别是现代化交通的发展，将大大改变人们的时间、空间观念，为城市、区域空间规划布局开拓更广阔的空间。首先，交通是决定一个城市区位优势的关键因素，是一个城市竞争力的重要组成部分。古今中外，对外交通的便利和发达程度，直接影响了城市的发展、功能的发挥和经济的活跃。在当今经济全球化和区域一体化的大背景下，国际间、区域间、城市间以及城市内部各功能组团间的联系会越来越紧密，交通系统的快捷性、便利性和可靠性成为决定城市、区域发展潜力的关键要素。其次，交通是城市社会、经济和物质结构的基本组成部分，交通系统将分散在城市各处的城市生产、生活活动连接起来，在组织生产、安排生活、提高城市客货流的有效运转及促进城市经济发展方面起着十分重要的作用。从人类社会的发展历史来看，交通方式的每一次重大创新和发展，都对城市、区域空间形态的演变发挥了巨大的作用。

二、城市综合交通规划

（一）城市综合交通规划的概念

城市综合交通涵盖了存在于城市及与城市有关的各种交通形式，包括城市对外交通和城市内部交通两大部分。工业革命以来的城市现代化发展，已经使城市交通系统的综合性和复杂性更为突出，必须以综合的思维和综合的方法进行城市交通系统规划。

鉴于城市交通的综合性，以及城市内部交通与城市对外交通的密切关系，通常把二者结合起来进行综合研究和综合规划，这就是城市综合交通规划。城市综合交通规划是与城市用地布局密切相关的一项重要的规划工作，是将城市对外交通和城市内各类交通与城市的发展和用地布局结合起来进行系统性综合研究的规划。城市综合交通规划不应脱离城市土地使用规划而独立进行，即使一些城市为配合城市交通的整治和重要交通问题的解决而单独编制的城市综合交通规划，也应与用地布局规划密切结合。

城市综合交通规划要从"区域"和"城市"两个层面进行研究，分别对市域的"城市对外交通"和中心城区的"城市交通"进行统筹规划，并在两个层次的研究和规划中处理好对外交通与城市交通的衔接关系。

（二）城市综合交通规划的目标与作用

全面分析城市交通问题产生的原因，提出综合解决城市交通问题的根本措施。

确定城市合理的交通结构，充分发挥各种交通方式的综合运输潜力，促进城市客货运交通系统的整体协调发展和高效运作。

建立与城市用地发展相匹配的、完善的城市交通系统，协调城市道路交通系统与城市用地布局的关系、与城市对外交通系统的关系，协调城市中各种交通方式之间的关系。

通过改善与经济发展直接相关的交通出行来提高城市的经济效率，使城市交通系统有效地支撑城市的经济、社会发展和城市建设，并获得最佳效益。

在满足各种交通方式合理运行速度的前提下，将城市道路上的交通拥挤控制在一定的范围内。通过有效的财政补贴、社会支持和科学的、多元化经营，尽可能使运输价格水平贴合市民的承受能力。

三、城市规模等级与路网基本格局

对于不同规模和不同类型的城市，要从用地布局的角度研究其交通分布的基本关系，因地制宜地选择不同的道路交通网络类型和模式，确定不同的道路密度和交通组织方式。城市道路的第一功能是"组织城市的骨架"；城市道路的第二功能是"交通的通道"，具有联系对外交通和城市各用地的功能要求；此外，城市道路还具有构造城市景观廊道、用作避难空间等功能。城市道路系统始终伴随着城市的发展，当城市由小城市发展到中等城市、大城市、特大城市，由用地的集中式布局发展到组合型布局，城市道路系统的形式和结构也要随之发生相应的变化。

小城镇是城市形成的初期阶段，规模较小，一般也是城市后来发展的"旧城"部分，大多呈现为单中心集中式布局，城市道路大多比较窄小且不成体系，较适用于步行和非机动化交通。当城市发展到中等城市阶段，仍可能呈集中式布局，但必然会出现多个次级中心。而合理的城市布局应该通过强化各次级中心建设，逐渐形成多中心的、较为紧凑的组团式布局，从而使城市交通分布趋于合理。当城市发展到大城市阶段，如果仍然按照单中心集中式的布局，必然出现出行距离过长、交通过于集中、交通拥挤阻塞等现象，导致生产与生活不便、城市效率低下等一系列的"城市病"。因此，规划一定要引导城市逐渐形成相对分散的、多中心组团式布局，中心组团相对紧凑、相对独立，若干外围组团相对分散。在中心组团和城市外围组团间形成现代城市交通所需要的城市快速路，城市道路系统开始向混合式道路网转化。当城市发展到特大城市阶段，则更多地呈"组合型城市"的布局，在周边城镇的基础上进一步发展为由若干相对紧凑的组团组成的外围城区，而中心城区则在原大城市的基础上进一步发展、调整、组合。城市道路进一步发展形成混合型路网，出现了对加强城区间交通联系有重要作用的城市交通性主干路网的需求，并与快速路网组合为城市的疏通性交通干线道路网，不同城区之间也可能会利用公路或高速公路相联系。

一般来说，旧城的用地布局较为紧凑，道路网络比较密而狭窄，可组织单向交通来解决问题。对于大城市、特大城市而言，总体布局比较分散，为适应出行距离长、交通速度要求快的特点，就要组织效率高的集量性的交通流，配之以高效率的道路交通设施，这就需要有结构层次分明的分流式道路网络。分析表明了一个普遍的规律：不同规模和不同类型的城市，其用地布局有不同的交通分布和通行要求，就会有不同的道路网络类型和模式，就会有不同的路网密度要求和交通组织方式。所以，不同的城市可能有不同的道路网络类型，同一城市的不同城区或地段由于用地布局的不同，也会有不同的道路网类型。总之，不同类型的城市道路网络，是与城市不同的用地布局形式密切相关、密切配合的。

四、城市用地布局与道路网络形式的配合

城市用地的布局形态大致可分为集中型和分散型两大类。集中型较适应于规模较小的城市，其道路网形式大多为方格网状。在分散型城市中，规模较小的城市大多受自然地形限制，常由若干交通性道路（或公路）将各个分散的城区道路网联系为一个整体；而规模较大的城市，则应尽量形成组团式的用地布局。组团式布局的城市道路网络形态应该与组团结构形态相一致，各组团要根据各的用地布局组织各自的道路系统，在各组团间的隔离绿地中布置疏通性的快速路，而交通性主干路和生活性主干路则把相邻城市组团和组团内的道路网联系在一起。中心城市对周围城镇有辐射作用，其交通联系也呈中心放射的形

态，因而，城市道路网络也会在方格网基础上呈放射状的交通性路网形态。

现代城市的发展，越来越显现出公共交通骨干线路对城市发展的重要支撑作用。城市除了沿道路轴线发展外，城市公交网络也会影响城市用地的布局和发展，特别是公交干线的组织形态、城市道路轴线的形态对城市用地形态有着引导和决定性的作用。各级城市道路既是组织城市的骨架，又是城市交通的通道，要根据城市用地布局和交通强度的要求来安排各级城市道路网络的布局。

快速路网主要为城市组团间的中、长距离交通和连接高速公路的交通服务，宜布置在城市组团间的隔离绿地中，以保证其快速和交通畅通。快速路基本围合一个城市组团，因而其间距要依城市布局结构中各城市组团的大小不同而定。

城市主干路网是遍及全市城区的路网，主要为城市组团间和组团内的主要交通流量、流向上的中长距离交通服务。为适应现代化城市交通机动化发展的需要，要在城市中布置疏通性的城市交通性主干路网，作为疏通城市交通的主要通道及与快速路相连接的主要常速道路。城市交通性主干路大致围合一个城市片区（次组团），其他城市主干路（包括生活性主干路和集散性主干路）大致围合一个居住区的规模。

城市次干路网是城市组团内的路网（在组团内成网），与城市主干路网一起构成城市基本骨架和城市路网的基本形态，主要为组团内的中、短距离交通服务。城市次干路大致围合一个居住小区的规模。

城市支路是城市地段内根据用地细部安排所产生的交通需求而划定的道路，城市支路的间距主要依照地块划分而定，在城市的局部地段（如商业区、按街坊布置的居住区）要尽量成网。

五、确立公交优先的规划与发展导向

在城市空间规划发展中，特别是当城市由一个发展阶段进入另一个发展阶段时，必须注重发挥交通运输系统对城市布局结构的能动作用，通过交通运输系统的变革来引导城市用地向合理的布局结构形态发展。现代城市交通发展的经验教训，主张"将来的城区交通政策，应使私人汽车从属于公共运输系统的发展"，即在城市中确立"优先发展公共交通"的原则，这已经成为世界各国城市交通规划与发展的共同价值观。

城市公共交通是指城市中供公众乘用的各种交通方式的总称，包括公共汽车、电车、渡轮、出租汽车、地铁、轻轨，以及缆车、索道等客运交通工具及相关设施。无论从社会效益、经济效益还是环境效益上看，公共交通相比其他交通方式都具有明显的优势。在现代小汽车迅速发展并日益成为城市交通问题重要症结所在的形势下，世界各国的城市规划和城市交通专家学者都一致认为，优先发展公共交通是解决城市交通问题首选的战略措施。相对于私人小汽车等其他运输方式，城市公共交通在运送速度上并不占优势，但在经济技术上却更为合理。从城市环境的角度考虑，交通环境是城市生态环境的重要组成部分，人们在享受便利交通的同时，越来越要求享有舒适、洁净的交通环境。为了减少交通污染，应鼓励使用污染最少、交通整体效率最高的交通工具，从而构建合理的交通结构，促进城市交通协调发展的动态平衡。

优先发展公共交通的指导思想是要在城市客运系统中把公共交通作为主体，其目标是为城市居民提供方便、快捷、优质的公共交通服务，其目的是吸引更多的客流，使城市交通结构更为合理、运行更为通畅。"优先发展公共交通"有丰富的内涵，主要是要在资金的投入、建设的力度和管理的科学化上，把公共交通放在重要的位置，要给予优先的考虑。在城市空间布局规划建设中，要根据居民出行的需要来合理布置城市公共交通线网，在主要的城市道路上设置公交专用道，改善公共交通的运营和服务质量，改革公共交通的票务制度等，都是"优先发展公共交通"的具体安排和措施。

优先发展公共交通，首先要提高公共交通的服务质量，努力做到迅速、准点、方便和舒适，进一步提高公共交通在城市客运总量中的分担比重。"迅速"就是要运送速度快、行车间隔短（或候车时间短），城市管理部门应把缩短行车间隔列为考核公交服务水平的重要指标，公交专用道的实施对提高公交车速度、保证准点率有十分明显的作用。"准点"就是要保证正点率，正点率是判断公共交通运营质量的主要标志，只有准点才能提高居民出行使用公共交通的主动性，提高公共交通的吸引力。"方便"就是要求少走路、少换乘、少等候，城市主要活动中心、居民主要住地均有车可乘。因此要求公共交通要合理布线，提高公交线网覆盖率，缩短行车间隔。"舒适"就是要求有宜人的乘车环境，包括候车环境、换乘条件等。

第五章 城市与建筑设计的关联与运作

第一节 当代城市与建筑

一、城市建筑认知的两个维度

城市建筑是指在城市中各种视觉、物质、体量、形态、经济、信息和交通等关系下存在的空间实体，它除了满足自身功能和形态的需求之外，还应对城市各种关联做出回应。因此，对于城市建筑的认知与解读应基于两个不同的层面：当今的城市维度和当代建筑的发展维度。

(一) 城市是"一张网"

随着经济全球化与信息网络化，城市结构呈现网络化的趋势。其特征在于小范围有机分散的同时，大范围的网络中心形成空前的集中。与传统意义的中心地概念相比，网络系统的城市集中显示新的结构特征（见表5-1）。

表 5-1　网络系统城市集中的新的结构特征

	中心地体系	网络体系
属性	中心性	结节性
规模	规模独立	规模中立
趋势	趋于首位性与从属性	趋于弹性与互补
功能	相似性商品与服务	个性化商品与服务
可达性	垂直可达性	水平可达性
流态	单向流为主	双向流
成本	运输成本	信息成本
竞争方式	完全竞争	价格歧视的不完全竞争

网络城市有三个基本组成部分：节点、连线、边界。其中，节点代表了人口、商品及

信息的高密集地区；连线代表了两个节点之间人口、商品和信息的流动；边界指城市网络的空间、时间或结构的划分。边界具有两方面的内容：其一，它是地理学上的划分（建立在不同的标准之上，如政治、经济、地形等），经过一段特定的时间，这些城市元素组成的系统具有开放性，系统内部的节点与系统外部的节点互相连接，可以与边界以外的地方进行人、商品和信息的交换；其二，边界与规模的选择互相联系，网络城市模型按城市系统中经济和政治的组织结构，分为住宅、当地单元、社区、地区、国家五个不同的层次等级。在网络城市中，每个等级的网络都可以作为下一等级网络中的节点，同样每个等级的网络节点又可以转化为上一级的网络。

网络城市有开放性、非平衡性、非线性和内部涨落等耗散结构特征。

开放性是指在城市网络中的每个元素并非封闭的个体，与网络中不同层级内的其他元素存在多样性的系统关联和流动关系，呈现出动态特征，元素之间物质、信息、能量的流动使得城市系统远离平衡态。

非平衡性是指在网络城市中，由于节点的存在，使得城市中的物质、信息相对集中，与城市其他地区形成一定的"势能差"。非平衡性的存在为城市网络中元素之间"流"的形成、城市系统的动态演进提供了可能。非线性是指在网络城市中，元素的变化不是单一因素影响的结果，而是多重因素影响的叠合，这些因素不以空间距离为参照，可以跨越物理空间实现元素间的互动。同时，元素的演化具有"蝴蝶效应"，通过元素之间的相互作用产生连锁反应，导致城市系统的多样性和不确定性。

城市系统的开放性、非平衡性和非线性促使城市网络中"涨落"的形成。涨落维持在一定的范围内，系统通过自组织进行"自愈"，而超出一定的范围则会导致系统的失衡，走向崩溃或向新的组织结构转化。

因此，在网络城市中，开放性是根本，非平衡性与非线性是基本原则，涨落是其演化的方式和结果。

（二）网络城市下的城市建筑

城市作为一个复杂的巨型系统，对其结构模式的研究历经了不同的过程。在树形结构模式下，强调城市系统分成各个层次，要素仅属于某个城市局部，局部属于城市整体，城市呈绝对的等级化发展，弱化要素之间与上下级层级之间的有机联系。半网络结构模式在理论上更符合城市生活复杂的本质，更准确地反映出城市的真实结构。在这种模式下，在城市的大系统中要素与要素之间、层次与层次之间有着种种的交叠。个体既是满足其自身的存在，又为上级层次提供支撑。

（三）城市建筑：城市系统中的局部

在网络城市中，城市建筑与城市的关系犹如腧穴和人体，城市建筑的设计与运作对于城市而言，如同针灸与肌体的关联作用，追求城市总体秩序下动态的平衡。借助传统中医的跨学科研究手段，为在当今网络型城市背景下探讨城市的局部与整体问题，建立由外而内的建筑设计策略，以及自下而上的城市设计策略提供了一个新思路。

人体的穴位在解剖结构上与骨膜、动脉壁和神经鞘膜相关，通过针灸的刺激，能够促进人体局部的能量、物质代谢，并由于腧穴的"良导性"和经络系统的传输，激发远端对应脏器的应激功能而产生医治效果。针灸的局部作用具有如下的特征：首先，这种作用机制具有层级性，既可以通过对局部部位的刺激，改善其周边组织的生理特征，也可以通过经络的传输对肌体内在的机能产生远端作用，还能间接地作用于人体的机能调节，对健康有利；其次，针灸的治疗效果因所选腧穴的不同而不同，在治疗中首选与内在病症相关经络路径上的穴位，才能实施有效的治疗；再次，腧穴的双重良性调整功能能使肌体产生激发与抑制的双重作用，不是以作用的方式作为评定的准则，而是看其作用的结果是否有助于肌体整体秩序的平和；最后，针灸的局部作用是一种可以调节的医治手段，其目的是保持人体的平衡，对实症采用泻法，对虚症采用补法。

首先，城市建筑对城市环境的契合实际上是与其他城市相关元素的有机关联，这种关联是多重联系的叠合，呈现层级化的特征，既能对其周边环境做出反馈，又能对更大范围的城市环境做出反馈，其关联作用的辐射面根据城市建筑与城市环境在功能、形态的"势能差"分为街区-地段级、跨街区-分区级和城市级几种。各种层级的关联性共时存在，在同一时空背景下对建筑的基本城市属性做出限定和描述。

其次，城市建筑功能与形态辐射力的大小来自两个方面：一方面，由建筑自身的性质决定；另一方面，由所处的空间特性决定。寻求城市建筑与城市环境的契合，就必须对相应的城市环境做出分析，找出其在城市关联网络中的正确定位，只有有针对性的设计策略与方法才能使设计的最终成果实现与环境的深层次融合。

最后，城市建筑在城市环境中的楔入过程中，其对所处的城市环境具有催化和受控两种相反的作用方式。催化作用是通过城市局部的改造或者将新的建筑楔入产生连锁反应，带动周边地区的发展和面貌的改善，表现为城市景观环境的重整、城市生机的激活。受控作用是指新的建成环境不能动摇和改变原有的城市功能、形态秩序，新建筑遵循城市旧有的秩序和逻辑，强调在城市整体环境协调下的自觉性约束。两种作用方式无所谓优劣，要根据项目性质的不同以及城市环境的差别，做出相应的决策。

城市建筑在城市网络中作用的范围和所处的等级并非固定不变，通过调整，城市建筑能够强化或削弱对城市系统的作用能力。这种调整必须建立在对城市环境、建筑项目的综合研究基础上。如同针灸的补、泻，采用不同的设计策略，寻求对城市的合理楔入。

二、学理层面的城市建筑学理论

Architecture 意为伟大的构筑物（Master Building），是设计构筑物与结构物的艺术和科学。更为宽泛的定义包含从家具设计的微观层面直至城市规划、城市设计、景观设计的宏观层面。Architecture 的现代定义大大超出我们通常所说的"建筑"范畴，指创造一种真实的，或者臆想的复杂物体或系统，可以是音乐或数学这样纯粹的抽象物，也可以是生物细胞结构这样的自然物，或者软件、电脑之类的人造物，意为"构架"。在通常的使用中，Architecture 可以视为一种由人和某种结构或者系统之间关联的客观图谱，它揭示了这种系统中各元素之间的关系。

建筑有两种不同的概念指向。狭义的建筑是人与建筑物的范围；而广义上建筑的本质是人所创造的环境。同时，建筑与其周边其他城市元素之间存在复杂的互动关系，这种错综复杂的关系网络构成了描绘建筑真实作用的文本。建筑究其本质而言具有系统的特质，对于城市建筑的理解与建构必须基于城市系统的背景。

（一）基于形体秩序的城市建筑理论

基于形体秩序的城市建筑理论在处理建筑与城市的关系上是典型的从局部到整体方式，但这种形体秩序的前提在于人们对其倡导的理论与城市整体艺术风格的广泛认同。在此基础上，无论是渐进式的城市发展，还是"暴风骤雨"式的城市改造都要保持其建筑风格上的统一，并无损于城市整体秩序的完整。因此，虽然这种理论有着微观的主题和操作方式，却建立在"城市精英"建构的"形态决定论"的宏大背景之下，其实施的成效取决于城市各方面合力的方向是否一致。从系统的角度而言，只针对城市表面形态，而没有深入城市的内在机制，从而较少具备系统化建构的实质。

（二）基于一般系统论的城市建筑理论

从系统论的视角审视城市建筑，其意义不在于自身功能与形态的完善，而在于与其他建筑之间和城市整体结构体系之间的关联。依据教条公式设计的建筑和依据简单集合学进行的场地规划是注定失败的。

1. 结构主义的城市、建筑观

经典现代主义理论中，各个建筑按其功能特征的不同而相互独立，彼此之间缺乏必要的联系。结构主义不同于功能主义，是将空间视为城市整体系统中的构成元素，注重对构成社会与形式的结构体系研究。建筑形式不是简单的功能反映，而是由构成元素的组织法则来决定的。也就是说，系统的结构决定着建筑的形式。对于城市建筑而言，通过这种结构化的构造方式，以建筑单元的组合能够形成对城市整体形态产生呼应的空间形式。结构主义中的"结构"意指事物的整体关联，即表象背后操纵全局的系统与法则。

"对系统性的追求"，其基本的设计语言表现为"茎"和"网络"的概念。"茎"是一种基于线型活动的城市范式，没有尺度限制的简单线型结构能够在适应具体场地条件的同时对增长和改变做出回应；同时作为人群活动、交往的主要场所，它能将与住宅、交通和服务有关的活动纳入其中。

2. 文脉主义城市建筑观

强调城市中的文脉，对建筑而言就是强调个体建筑是城市整体空间的一部分，注重建筑与城市环境在视觉、心理、环境上的沿承、连续。它在共时性和历时性上维系着城市与建筑的相互关系，使之达到有序的状态。文脉主义在两个层面上解决了建筑与城市的协调性：在建筑层面，文脉主义强调建筑的物质形态与城市整体环境的一致，通过形体、空间、装饰及细节的处理对城市环境中的相关要素进行复制和转译，使其达到与周边建筑某些方面的连续；在城市层面，强调建筑空间与形态组织与城市空间结构的耦合，反映新建筑相对于城市肌理上的契合。后一层面的意义更能体现文脉主义建筑观的深刻内涵。

现代主义建筑的城市是一种实体的城市，现代主义建筑以建筑实体作为空间的核心，使城市空间成为空间切割后的"边角料"；而传统城市属于肌理的城市，在城市空间的处理上是现代主义空间概念的倒置。

3. 类型学的研究

类型学是研究城市和建筑的有效手段之一。将建筑类型学归纳为三点：继承了历史上的建筑形式，继承了特殊的建筑片断和轮廓，以及将这些片断在新的城市文脉环境中的重组、拼贴。从心理学的角度对"原型"的选择进行了研究。城市是一种艺术文化的集体产物，由时间造就，根植和居住于建筑文化之中，并诞生于集体无意识。建筑类型可以在历史的建筑中获得，通过激起人们对以往生活和建筑片断的记忆而使建筑的形式获得成功。将不同功能的建筑形态转化为在"原型"基础上的变体，有利于将错综复杂的建筑与城市环境统一于"原型"的基础之上，并通过"原型"的一致达到建筑形态的彼此协调。

不将城市建筑视为一种具有独立性的、物质性实体，而是从不同的角度将其理解为城市系统中的基本组成单元，它与系统中的其他单元有着某种联系，从而具有一种系统化的特征。这与经典现代建筑理念有着鲜明的区别。所不同的是，不同的建筑理论有着对这种关联方面的不同解释。在结构主义中，是以建筑的功能和空间作为关联的对象，在文脉主义中以建筑的界面和形式作为关联的对象，而在类型学中这种关联体现为建筑的"类型"。正如同一般系统论自身的局限性一样，这些理论在城市局部与整体的关系上存在着同样的认知局限。无论是结构主义、文脉主义还是类型学研究，都强调作为个体的建筑存在于某种既定的先验组织之下，或是以建立、完善城市系统完整的内在秩序为目的。城市建筑的存在方式是为了维持或强化这种组织结构的特征。建筑之间的联系限定于系统的同一层面，不存在超越层级之间的相互关联。虽然其后的发展在这些理论的静态观点上有所修正，但在价值的基本判断上仍不能摆脱这种局限性，没有揭示出城市真正的复杂性，全面地体现建筑的城市属性。

（三）基于复杂系统论的城市建筑理论

复杂系统论是一般系统论的延续和发展。具体的现实对象都是复杂的，很难对它们的性质做出单一观点的概括。一般系统论强调事物的整体性原则只反映了系统性质的一方面，并提出了"整体小于部分之和"的原则。依据复杂范式的观点，系统中既有整体对于局部的统摄，又存在局部对整体的反馈，这种相互作用的强度决定着系统的特质。当某种局部的力量足以摧毁整体的掌控，系统的结构也将发生根本的改变。双方的相互作用所形成的动态关系构成了世界的真实。

在城市中，城市系统对于建筑个体的限定只是一种相对的静态，而建筑之间以及建筑与城市系统之间的关联才是城市建筑真实作用所在。在这方面，城市建筑理论向两个相关的方面发展：第一，是基于城市系统的复杂性建构，注重相对于静态的复杂城市系统生成；第二，是将视角聚焦于城市系统的微观结构，注重局部对城市整体的作用和反馈。

解构主义是对结构主义的继承与颠覆。如果说结构主义意在对一切现象都进行一种稳固的、确定的分析，力图建立一个公理式稳定系统和系统秩序的话，那么解构主义则要破除这种逻各斯中心论，否定结构的永恒性，指出结构的建构性。在建筑学领域的解构旨在把建筑的结构逻辑导向多元与边缘，通过置换重新组合，同步更新建筑与文化的关系。在整个文本和分解部分中，通过复杂的转换关系合成不同表达范畴。新建筑在文化、社会、意识和历史现状之中，以新的方法论重新建构一种延伸的过程。这种新的建构不同于其力图消解的系统，是融入了多种价值的复杂系统。因此，在解构主义的观念下的城市与建筑呈现出与以往不同的景象：建筑不再是功能和构图的表现，而是当代的一整套变量生成的过程，诸如空间、事件、游戏、隐喻等不可预料的重构。所有这些与城市密切相关，又非显而易见，是通过一系列的拓扑变形、形象的转置实现的。城市与建筑的逻辑被同时解构，两者交融、互变，以同义语出现。空间的内容不再是规划师职业的产物，而是生活本身所发生的事件。

三、城市形态学语境下的城市建筑

城市建筑在形态上具有两面性：一方面，通过自身形体的塑造，适应其内部功能与空间的要求；另一方面，外在的形态与城市整体的空间形态相关，建筑的形态演变必将投射于城市的形式秩序和空间结构。

（一）城市形态理论的演化

形态学（Morphology）源自希腊语 Morphe（形）和 Logos（逻辑）。城市形态学产生于19 世纪，将城市看作有机体，并逐步形成一套城市发展分析理论。在研究内容上，逻辑的内涵与显性的外延共同构成城市形态的整体观。

"城市形态"有三种不同的层次解释：第一层次为城市形态作为城市现象的纯粹视觉外貌；在第二层次中，城市形态也作为视觉外貌，但外表在这里被视为过程的物质产品；在第三层次中，城市形态从城市主体和城市客体之间的历史关系中产生，也就是说城市形态应作为观察者和被观察对象之间关系历史的全部结果。据此层次划分，城市形态学可在三种不同层次上进行定义。

第一层次是对城市实体所表现出来的具体可见物质形态的研究，城市形态学可以定义为城市空间物质形态的描述；第二层次是对城市形态形成过程的研究，城市形态学可以定义为根据城市的自然环境、历史、政治、经济、社会、科技、文化等因素，对城市空间形态特征成因的探究；第三层次是对城市物质形态与非物质形态的关联性研究，主要包括城市各种有形要素的空间布局方式、城市社会精神面貌和城市文化特色、社会分层现象和社区地理分布特征，以及居民对城市环境外界部分显示的人格心理反应和对城市的认知。

以上的城市形态学的理论发展反映了从微观、具体到宏观、系统化的发展路径，同时也在不同的理论流派中折射出其中的共性本质，即城市形态不只是整体的描述语境，从其产生的发端开始就烙印着由空间单元形态关系出发的基本特征：以基本物质要素、平面单元及肌理等不同学派的共同点作为学科整合基础。同时，城镇可以通过物质形态的媒介得以阅读；可以通过建筑物及相关的开放空间、地块、街道、城市或区域等不同的尺度上得以理解城市；平面单元或肌理是建筑物与它们相关的开放空间、地块、街道的整合，形成一个连续的整体；城市形态学的未来研究重点在于描述并解释形态产生的特征及根源、形态目的的指定、城市形态的评价。

由此可见，对于城市空间形态的研究无法脱离建筑微观个体的形态建构，城市就是在一个渐进式的过程中从无到有、从小到大发展而来的空间单元的组构方式与特征，在一定程度上定义了城市整体形态的基本方面。

（二）城市形态研究的新方法

在传统的城市形态研究中，图底分析方法成为行之有效的技术手段，但在当代城市中，由于建筑内部空间的竖向叠加、城市公共空间的渗透，或者城市空间的三维构造，已经不能简单地以二维抽象的方式进行概括。同时，图底的相互参照在网络化的城市空间中失去了意义，造成了这种方法使用上的失语。

当建筑形态的生成融入城市形态的构架之下，建筑形态的设计方法得到极大的拓展。形态的多样必然导致建筑形态分析方法、设计方法的多样，这些方法根植于与之相关的城市形态的理论原型，并在问题的认知、提出、分析及问题的解决等不同层面上体现了逻辑因果关系。同时，随着问题针对性的不同，这种原型化的模式也将随外界条件及对问题认知的发展而不断演化并自我完善。因此，这些方法不是一种常态，要根据实际状态进行调整，或者引入新的描述手段，对原有的形态模式进行扩展。例如图底方法一般针对二维特征明显的城市环境有效，但对于香港、重庆这样的山地城市，或者城市功能竖向叠加的空间研究缺乏有效性。这时可以通过对局部区段竖向剖切，构造出一种全新的城市图底。在这种图底对比中，能够在三维尺度下清晰地标示出建筑与城市的空间关系。再如某些与城市人流密切相关的建筑，它们与城市空间形态的关系应体现出人流动线的组织脉络，这时就必须以人群行为方式作为建构局部与整体形态特征的基础，从而产生新的形态作用模式。

（三）建筑形态的两面性

城市建筑的形态具有向内和向外的双面性。首先，城市建筑在微观尺度上通过自身功能、空间的组织实现其物质使用的一面，并赋予城市建筑与其功能相适配的空间形体；其次，在宏观尺度上，通过城市建筑之间的形态关系的塑造，成为城市空间形态的有机组成，并由建筑形态与城市形态的相互作用，推动城市形态与结构的演进。

城市建筑的形态与城市空间形态之间的关系是双向互动的，城市整体形态既对局部的形态特征加以限定，同时又受到城市建筑形态特征的引导和激发，城市整体形态在这种交互作用中动态演化而不断发展。城市建筑对城市空间的作用分为引导和受控两种类型，既可以通过其微观形态的串联和并置，延续城市的肌理，缝合破碎的城市空间，使其整体形态趋于完整，也可以通过建筑形态的凸显，推动城市形态与结构的演化。

建筑形态两面性的一个最好例证就是通过某一建筑自身形态的整合作用，重新组织城市中趋向离散状态的各个空间元素，将其纳入一个新的空间体系。这一体系不仅与原有的城市空间环境保持最大限度的兼容，而且赋予其新的意义与内涵。因此，该类型建筑自身具有"空间缝合"的特质，功能不具有绝对的重要性，而是由形态的关联决定城市文脉的连续程度。

由于城市建筑与城市的互动，城市与建筑空间的界面越加模糊，城市整体结构特征由线性的树形结构向非线性的半网络结构及网络结构过渡，城市建筑的形态关联超出一定的地域限定，在更大的背景下与外界作用。形态的合理性不完全取决于与基地文脉的契合，更在于与城市空间形式秩序与空间结构两方面关联的有效。

四、形态之外——城市与建筑的功能互动

建筑总是在有形的文脉中被体验和使用，建筑及其环境应被视为一个整体，建筑创作与城市设计应相互渗透并成为城市发展计划中一项完整的程序。将此类建筑定义为环节建筑（Keystone Architecture），意指与其所处的基地或城市区段相互契合、不可分离。环节建筑理念的确立，从系统的角度而言，强调了城市中的个体元素与其他元素之间的有机联系，这种交互链接的网络促进了现代城市运行效率的提高，并在一定程度上反映了现代城市空间形态的发展方向。

环节建筑仅是一种特殊的建筑类型，但其背后暗示着建筑学与城市规划、城市设计紧密结合的可能性。随着城市与建筑的互动性增强，城市与建筑的一体化特征逐渐显现出一种普遍性。当建筑不再关注于个体本身，而在于其与周边建成环境或其他相关要素，在功能、空间、流线、形态与城市的整体功能结构、空间结构、交通系统与形态秩序发生关联，并融入其中产生联动性的作用，建筑与城市就呈现出一体化特征。

（一）城市交通系统与建筑的整合

随着城市建筑功能由简单趋向复杂，呈现社会化和巨型化特征，服务人群由单一趋向多样，人群活动的适宜性、多样性与延续性日益凸显，城市交通体系与建筑由离散状态趋向统一，体现了功能组织与空间组合方式上的多样化和立体化。

城市交通系统分为公共机动交通（公交、地铁、轻轨）和步行交通以及静态交通几种方式。无论哪种方式，当其与建筑相结合时，一方面在建筑内部提供了附加于建筑主要功能之外的功能"增值"，为建筑内部职能的活化提供机会和平台；另一方面，城市交通体系的介入为建筑提供了一个在城市动线上的"接口"，使建筑成为城市网络中一个能动的环节，也成为城市系统中的重要节点。

城市交通体系与建筑的结合在空间维度上随着功能叠合方式的不同而呈现立体化的特征：以垂直和水平的多种组合方式在地上、地面、地下各个层面渗透至建筑的内部。不同维度交通的整合增强了与建筑关联的复杂性，其组织的原则着眼于系统功能的有机连续和运作的高效。

（二）建筑作为城市系统中的"路由"

由于与城市交通系统和公共空间系统的互动，作为系统连接与转换结合点的建筑在属性上具有类似于电脑网络中路由器（Route）的特质，通过其空间、功能的转换与连接机制，与周边其他建筑产生关联，形成城市局部范围的功能与空间网络。其作用范围和方式并不取决于建筑规模，而在于其与城市系统相关性的强弱，具有吸引力的功能配置与便捷的空间流通是建立这一体系的关键。这种路由式的建筑具有典型的环节建筑的特征。

在诸多连接系统中，交通系统具有更强的黏合性，能将依附于其上的城市空间单元串联成紧密相关的空间聚合状态。同时还由于聚合状态下各空间单元的功能内在联系，在交通系统的活化作用下实现规模效应，实现功能价值的跃迁。

（三）建筑作为城市空间的基础

虽然城市空间体系整体特征是建立在自上而下的规划基础之上，但城市空间的形成却始于建筑单体自下而上的建造过程。前者是城市各元素在共时性的前提下所呈现的各种关系与特征的总和，而后者是在城市元素历时性的发展中逐步显现的，两者具有明显的先后关联。在城市中最先产生的空间单元在某种程度上对后续的空间生发形成一定程度的限定和引导，从而影响其后城市单元功能与形态的定位，使其或多或少带有最初的印记。

第二节　基于建筑城市性的功能分析与策划

城市的产生和演化可用两种不同的视角进行诠释。在规划视角下，城市是各种下层系统的整合，系统性是评价和设定城市发展状态的基本话语。在建筑视角下，城市是由建筑的不断累积而产生的结果。在空间的不断填充与扩充过程中，人们自觉不自觉地受到各种内部或外部的建造规则作用，同时受到地域建构传统的浸染。城市建筑分为城市的过程带有"小尺度、渐进性"的特点，其设计操作以客观、理性的城市阅读与分析入手，与传统的建筑设计方法形成明显的分野。虽然建筑功能在传统意义上在设计进行之前就被定义，但在城市的维度下重新判断建筑的功能状态并以"建筑的方式"建构城市的功能体系，是当代城市建筑功能研究的新方法。

一、功能分析的相关因素

在建筑城市性理念下的功能分析和策略选择将建筑的功能设计置于城市的视域范围，将城市建筑自身的功能价值建立在城市整体功能秩序的基础之上，寻求城市局部与整体之间的有机统一。因此，参数的选定应基于建筑系统和城市系统中与功能相关的交集。

（一）城市层面的分析因素

1. 区位

区位理论是把城市系统看作外部条件与内部因素相互联系和制约的整体。城市的区位优劣是随城市发展在时间和空间两个维度上进行演替、变化的。在时间维度上，城市产业的更新、发展，功能的改变都会促使城市空间区位性质的转化；在空间维度上，随着城市规模和结构的发展，空间区位也会呈现位置上的变动。因此，对于建筑在城市区位中的分析应建立在动态的基础之上。

与城市区位相关的因子包括物质环境、经济环境、社会文化环境等方面，这些因子的差异最终决定了一个建筑在楔入城市环境中所具有的最为基本的功能特征。一般来说较好的城市区位存在于如下几个方面：

（1）城市中心

由于城市中心具有较为完善的基础设施，能够为交通运输、信息交流、空间资源利用等方面提供便利条件，有利于新建筑功能的发挥。

（2）城市边缘地带或城市新区

由于现有的建成环境（如周边的城市建筑或其他设施）对其制约条件较少，使其能在设计过程中较少地受制于周围环境的约束。

（3）城市风景名胜区、传统文化区

它们具有自然、人文优势的城市地段周边，直接影响着城市内部空间区位的优劣，为该地段的城市建筑提供了良好的社会、文化、自然条件。

（4）对外交通口岸和交通转换枢纽地区

这些地区往往成为展示城市面貌的窗口，同时也具有大量的人流聚集，能为建筑功能效益的提升起到促进作用。

不同类型和功能的城市建筑置入城市的不同区位，其作用是不同的。具有较强公共性的建筑置于城市新区，可以起到城市触媒的作用，带动周边城市建设的兴起，促进土地增值，形成城市空间结构发展的新核心。而以居住功能为主的建筑大量地置于城市边缘地带，则会增强城市向外的圈层式扩张，加重城市内部交通的负担。

2. 基地功能条件

在建筑功能分析中我们筛选出与建筑和城市环境同时作用的相关因素，包括基地周边功能配置、交通组织、城市管控措施及指标等几个方面。

（1）功能配置

建筑基地周边的功能定位和配置在一定程度上决定了拟建建筑的功能类型及其功能效益的发挥程度，相应配套设施的完善和运作条件的成熟也为其功能设置创造了条件。城市各空间单元在功能体系中是互动的，整体功能效益的产生和提升有赖于各功能实体自身功能的完善以及相互之间功能的协调、连续。在非"外力"作用下，通过功能单元自身的适配达到自身功能效益的最大，同时保持系统整体功能的动态平衡。当人为的管控措施施加于既有的城市功能体系，将引起一系列城市空间单元的功能适应性调整，与城市整体功能目标相一致的城市单元得以更好地发展，而与其目标相背离的城市单元则受到抑制，引起局部功能的退化和置换。因此，对城市环境中的功能配置的分析应基于两个方面：一方面，从外而内的角度，主要研究外部的业态分布和功能特征是否对项目的确立产生有利或不利的功能影响；另一方面，从层级的角度，分析该地段的功能组成中，哪些因素起核心作用，哪些因素起辅助、填充作用，以及相互的关系。

建筑城市性等级越高，与拟建建筑的空间距离越近，其功能的影响也就越强。与新建筑的功能形成良性互动的功能关系遵循互补性、连续性的原则。互补性是指在局部地段内各建筑的功能相互支撑，在保持自身功能实施的同时，为毗邻建筑提供相关的服务和使用需求，形成局部的功能平衡。连续性是指各建筑的功能属性能为使用者提供功能使用上的连续，实现整体功能效益的最大化。整体功能秩序不在于某一环节功能效益的最大化，而在于功能网络中对整体功能发挥最不利因素的控制。如同"木桶效应"，在一定的城市范围内，其他环节的功能优势再强，也不能抵消其相对弱势功能的反作用。

（2）交通组织

建筑基地周边的城市交通环境对楔入的建筑起到两个方面的作用：其一是决定了该建筑在城市中的交通可达性；其二是通过城市交通的输运、过滤和接驳作用，为城市建筑的功能使用提供了必要的条件。影响交通可达性的因素有三方面：一是通行效率，也可由城市内各区域到达该地点所需的时间作为速度的转换计量，所需的时间相对越短，则其可达程度越高；二是一定空间范围内的道路密度，城市道路的密度越高，人群到达目的地的可选择性越强，则其可达程度越高；三是对到达目的地的交通方式的可选择性，能够采用多种通行方式的可达性相对较高。城市人流在不同交通模式下最终以步行的方式进入建筑，其中要经过交通的模式转换、动态交通和静态交通的转换、人群的分流等过程。在多种交通模式中，步行交通须优先考虑。

基地的交通条件体现在如下几个方面：基地周边道路的性质与等级；城市广场、道路交叉口位置；基地的交通出入口；车流量及停车容量；人流量及人群疏散；城市公共交通站点位置和通道连接方式。分析数据的获得除了进行现场观测以外，还可以通过大数据查询、人群交通满意度调查、通勤时间调查等方式进行。

城市交通条件分析中不可忽视由于建筑的楔入所带来的城市交通环境改变。大型的公共性项目必然对现有的城市交通产生影响，体现在城市道路开口数目的增加、瞬时交通流量的增加以及城市步行交通体系的改变等方面。因此，要根据项目的性质不同、规模不同对其城市外部交通的分析留有一定"预留"的空间，并通过交通模拟的方式对建成后的交通环境进行预测（交通评价分析）。

（3）城市管控措施及指标

城市规划、城市设计对基地内建筑的双重限定和约束可视为一种对建筑功能外在的强制性控制，并通过规划设计要点、城市设计图则和导则以及各种控制指标的制定等方式进行具体的操作。它们是在人为干预下对城市系统各元素之间功能规则的制定，不为业主和建筑师个人意志所控制，而以城市发展的整体价值取向为目标，带有鲜明的自上而下的特征。外部的约束越强，城市的整体功能结构越能按照人为预期的方向演化。

控制性详细规划对建筑功能相关的规定，包括用地范围内的用地面积和边界、土地使用、建筑容量、基地范围内交通出口方位等控制要求。单一的计划经济使得所有的社会资源归属于国家统一调配和控制，在建设过程中非常清晰地明确了城市建筑的功能属性，其他的团体、个人无法介入开发过程。随着计划经济被市场经济所取代，建设与经营的主体逐渐为各种不同的社会利益集团所替代，政府不可能对城市建设项目的功能进行明确的定位和控制。同时随着城市复杂性的增强，城市建设过程已经不可能完全由一种利益要求所左右，要调和多方面的利益关系，建筑功能的定位在很大程度上依赖于市场的需要，体现出刚性与弹性兼具的特点。

相对于城市规划，城市设计对于建筑功能的限定性要更为宽松。在建筑的功能配置方面，城市设计往往体现了绩效性导则和规定性导则管控的共同作用。一方面，通过对建筑基本功能属性以及空间位置的确定，明确了在城市空间构架中的功能布局，这种方式往往带有规定管制的性质；另一方面，通过对非强制性的局部功能调整和置换，优化城市空间结构和人群的行为模式，需要业主和规划管理部门的相互协调，往往带有绩效性管制的色彩。可以认为对建筑功能属性的约束条件越多，建筑的受控性越强，自身功能在这种外在规则作用下的能动性越弱。

3. 自然条件

建筑功能的作用无论受控还是引导非各向同性，在其功能作用的传递过程中都会受到多种因素的影响而呈现指状发展的格局。其中城市自然地理条件的作用不容忽视。当建筑功能的辐射途径上出现自然山脉、河流等因素的阻碍时，其作用会大大减弱，甚至消失。此外，同样的自然条件在不同的方向上具有不同的影响结果。如沿着河流方向进行的传导得益于空间方向上的引导和自然条件的优势，会使传导的效果得到增强，而垂直于河流的方向则受到交通通行的阻力，形成传导的自然屏障。

在日益强调城市生态发展的背景下，城市自然条件是一个可供利用的资源，更是一个须保护的对象。虽然对自然条件的改造能在一定程度上实现功能辐射、传递作用，但不能因暂时的利益而对未来城市生态结构进行破坏。因此，在各种自然条件的制约中，存在着可供利用程度的判断，从而形成城市空间发展的适合度。自然的森林、水域等虽然不构成对功能影响的刚性限制，但出于生态保护的要求，在当代城市中还是尽量予以保留，从而产生了一定的限定性。

4. 相关区域的功能作用

在网络城市中，功能体系也呈现一种网络性关联，这使得一个城市建筑的功能类型与其他城市要素产生各种显性或隐性的联系，并通过各功能之间的竞争和协同，形成在城市功能构架中的平衡。这种跨区域的功能关联属性由三方面因素构成。

首先，根据建筑城市性的层级性特征，城市建筑具有不同的作用圈层，高等级的城市建筑对城市外部环境的作用半径较大，能对较大的地域范围产生作用；其次，根据建筑城市性的非线性关联特征，由于城市快速交通的存在，压缩了城市各区域的空间距离，从而使相互隔离的功能类型能够达成协同的可能；最后，由于现代城市系统的网络化发展，在构成上形成三维网络格局，每一个城市空间单元在不同的空间等级内部以及各等级之间都与其他空间单元相互关联。功能状态作为它们之间作用的特征之一，始终处于一种动态过程，通过自我适配达到城市功能体系的有机平衡。

这种相关区域之间功能作用的强弱取决于参照建筑的城市性等级强弱、产生连接的方式以及与参照建筑的空间距离。一般而言，作为参照的建筑物往往不止一个，这种区域间的功能关联就会表现为不同层次的叠合。有的功能关联呈现相互促进的关系，有的则呈现相互制约的关系，要根据作用属性的不同将这种复杂的关系分层、分项，分别进行状态的分析。

（二）建筑层面的分析因素

1. 功能的内化与外化

对建筑功能的传统分类是按使用属性进行的，不同的使用类型决定了使用者的人群数量、类型和活动方式。随着当代建筑功能复杂性的增强，公共性的功能与私密性的功能往往相互交织、彼此渗透。内化的功能可以理解为对建筑自身的使用提供支持的功能类型，这与建筑的公共功能类型定义不同。而外化的功能是建筑功能为城市系统提供功能服务的部分，是建筑中更具公共性的部分，决定了建筑对城市开放的程度。

2. 功能的延展

建筑的功能除了自身的使用之外，还具有两个方面的特征。首先，如果将具体的使用功能定义为显性的功能，那么由于建筑所蕴含的历史事件及城市人文特色，使其具备了一种隐含的功能作用，而且这种隐性的功能往往能超越其自身原有的功能组成，成为代表一个城市或者地段的文化标志和事件象征。这时，原有的使用功能降格为其象征功能的附属。其次，城市建筑的功能组成与周边的城市单元保持着一种连续关系，就某一独立的建筑而言，其功能组成并不完全取决于自身功能的实现，而在一定程度上取决于维持并促成这种内在连续的过程，即取决于功能链的形成与完善。

3. 功能的混合

城市用地属性的混合为城市增添了生机与活力。同样，建筑功能的混合进一步为城市生活提供了条件。城市建筑功能的混合有两种状态。第一种是基于相对宏观的建筑层面，是城市功能在不同空间层次上混合的体现，并逐级向微观层面延展。一般而言，通过将城市用地的小型化，能够更为精确地定义，从而出现用地状态的镶拼。而在我国的城市用地政策中，一般用地划分较大，混合功能的用地属性更应值得提倡。第二种是基于相对微观的建筑层面，对土地高强度使用的诉求使得城市建筑在三维空间中日益拓展功能混合的概念，不同的使用功能乃至一些城市功能进入建筑内部，在三维空间重新组合，使平面化的功能组织模式向立体模式转化。在此基础上，城市功能网络也呈现出立体网络的特征，并可在不同的空间维度上将这种关联以空间化的方式加以呈现。

建筑内部的功能混合有三种模式。其一是各组成功能在相互关系上属于并置的关系，通过公共空间将其进行三维的叠加，彼此之间无须相互关联和连接，各自保持一定的功能独立。这种模式可以视为建筑内部功能混合上的"树形结构"。其二是各组成功能在内在关系上具有一种连贯的前后承接，由其自身的组织原则作为串联各功能的线索，并投射于各功能的空间配置和形体塑造。其三是强调各功能组成之间的相互关系以及建筑内部、外部功能的功能关联，使多重功能因素在建筑内部交织成网，并与城市功能网络接驳，呈现一种"类城市化"的复杂功能模式。这种功能关系可视为功能混合上的"半网络结构"。

4. 功能作用的效能

不同类型的建筑，其功能作用的效能一方面取决于作用的强度，另一方面取决于功能作用的持续时间。功能作用不是静态的，在不同时段内的作用方式也会随之变化。一般而言，城市性的等级越高，功能的时效性越强。对于基于神经网络模式的功能作用，这种效能还体现在对后续功能的引导以及对既有功能网络关系的牵引作用。在何种程度上影响既有功能结构的平衡，使其产生连锁性的功能调整以及在多长的时段内作用于后续功能的配置，唯一的检验手段就是市场的选择和城市政策的策动。

建筑功能的作用并非同心圆似的均匀分布，而是根据现实的城市状态呈现出各向异性，往往以最具效率的方式达成彼此之间的相互参照。路径的选择一方面决定于外部的环境条件，另一方面也与各城市单元的功能状态相关。同时，由于建筑的功能作用在多个层级中共时存在，高层级功能作用的路径具有相对的"优先权"，对城市整体功能结构产生意义的功能关联强于对局部功能结构作用的关联。

二、城市建筑功能设计策略

在建筑城市性的理念下，建筑与不同层级的城市建筑之间以及与城市系统之间的功能彼此交织成网络，呈现建筑与城市的一体化倾向。对自身功能的定位以及功能的设计策略选择不但基于自身的功能属性，还在于对各种功能关联的体现，在不断的动态演进视角下对功能做出适应性调整，并通过这种功能互动体现整体功能效益的最大化，实现城市区域功能结构的优化与发展。策略与具体的设计操作之间存在着内在的逻辑统一，并由策略的选择产生功能的组织类型。

（一）城市建筑的功能策略

1. 一般系统论下城市建筑的功能策略

一般系统论通常把系统定义为：由若干要素以一定结构形式联结构成具有某种功能的有机整体。它表明了要素与要素、要素与系统、系统与环境三方面的关系。要素之间相互关联，构成了一个不可分割的整体。

以此为基础，城市中的功能单元在实施其基本职能的同时，保持着与其上层功能结构以及同级功能单元之间的种种关联。从功能关系的角度，这类功能单元往往体现出从属、补充、协同的角色定位，为局部功能结构的完整和有序提供背景和填充，为其中起核心职能作用的城市单元提供支持。它们的设计策略和原则可以归纳为：整体性、结构性和最优性。

（1）整体性

功能的整体性是指在城市某一空间范围内的功能结构中，局部功能的完善不代表整体功能的完整，整体功能运作得有序，则会带来局部功能的有效发挥。首先，这种功能的组群效应不是由局部功能要素所决定的，而是呈现了多元素之间功能交织、叠合之后的整合特征；其次，在功能结构中，整体功能的运作效果取决于其中每一个功能单元的功能状态和运作效果，任何一个环节的失效和缺失都会导致连续功能链的断裂，从而造成整体功能的破坏；最后，各个功能单元之间的功能协作是整体功能得以存在的条件，它们在功能属性上相互支撑、互为条件，某一功能单元的强化或削弱会影响与之相关的其他单元，发生功能状态的连锁变化。因此，功能的整体性要求制定建筑的功能策略时将其置于城市相应的功能结构，在局部与整体的有机平衡中寻求恰当的功能定位，"过"与"不足"都将对功能结构的稳定与平衡造成影响。

（2）结构性

功能的结构性是建立在功能结构中各种类型的功能单元之间结构关系的基础之上。在城市中，这类城市建筑的功能属性各不相同，彼此之间存在一定的内在联系，形成一定的功能组织结构。各功能之间不同的构成方式，是由该功能结构中要素的状态和关系所决定的：当要素的功能组成不变，构成方式决定了功能整体特征；当构成结构相同，功能的整体特征也可能导向多样；当功能要素与功能构成方式均不一致，也有可能出现相同的整体功能特征。多样化构成关系的存在，要求在制定功能策略时，突破地域、空间的局限，按照功能之间以及局部功能和整体功能结构之间的层级关系和相互作用进行梳理，寻找最适配的功能构成方式。

（3）最优性

功能的最优性是指在功能结构中整体功能与局部功能的双赢，既能满足局部自身的功能要求，又促进整体功能的有序和协调。对功能结构的优化也能促进局部功能以及各功能单元之间关系的优化。为了实现这一目标，可以在两个层面上进行调整：首先是通过局部功能单元功能属性和作用效能的调整，使其在功能结构中与其他相关单元适配；其次是通过改变各功能单元相关程度、联系方式、作用等级和范围等，对内在的功能结构性进行调整。

基于一般系统论的独立功能单元设计策略，从严格意义上来说是建立了一套完整的功能秩序网络，在这个网络中，功能单元之间的关系是维持功能秩序的前提。每一个功能的楔入都有明确的目的和适配的定位，这样有利于以较为宏观的方式进行整体上的功能调配。传统的城市规划理论、城市设计理论和建筑设计理论中有关建筑功能的论述都基本反映了这种功能系统观在长期的研究与实践中对建筑师的影响深刻。

2. 复杂系统论下城市建筑的功能策略

随着复杂性研究在 20 世纪中期以后的兴起，系统论的研究开始转向对复杂系统内部机制的探索。"适应性造就复杂性"的观念，认为复杂适应系统的共同特征是能够从经验中提取有关客观世界的规律作为自己行为的参照，并通过实践活动中的反馈改进对世界规律性的认识，从而改善自己的行为方式。复杂性理论把被一般系统论所排除的多样性、无序性以及个体因素的作用引入，以科学的方法研究系统复杂的自组织问题。

根据复杂系统论，独立功能单元在城市功能网络中的作用有着不同的特征：城市功能结构是一种掺杂着有序和无序的混沌；功能是一种随时间变化的参量；由城市功能单元组成的功能结构不是一种稳定的模式，随组成元素的自组织行为产生动态改变。这些特征将直接转化为城市复杂模式下独立功能单元的设计策略。在当代，城市建筑的功能策略选择越发呈现出动态适配的特征。

（1）动态性

将功能单元的功能时效性推演至更宏观的层次，就是城市局部功能结构的动态性特征。一方面，牵涉功能结构中各功能单元的功能动态适配、调整；另一方面，涉及各功能单元之间有序/无序、动态的多样化关系组成。相对于一般系统中稳定的功能结构，这种功能结构随时间的推移，而具有类似于生命过程的特征。起初，这种功能结构并不完善，但受到内在功能的激励，吸引相关功能的聚合，逐步发展成熟，并得到功能等级的跃迁。当这种功能结构发展成熟，就体现出一定的相对稳定，但其中的相互作用并未停止，只是结构内、外元素间的作用还不能构成撼动其结构框架的条件。当遇到一定的外部条件改变，或者元素之间的作用扩大到一定的程度，其作用的效能将动摇并摧毁功能结构的稳定，并最终产生新的功能结构。新的功能结构脱胎于旧有的，或者带有原有的功能基因，或者呈现全新的结构特征。这种状态变化不以个人的意志或外部强加的限定为转移，却受其作用；不以恒定的价值为参照，却在转化中体现城市局部功能的价值。

（2）适配性

城市的功能网络是由相互竞争、合作的功能单元组成，通过彼此相互作用和相互适配形成整体的有序。在城市功能单元的相互作用中，相互关系和作用的结果不能完全预测。虽然宏观的控制和管理能把这种微观元素的功能自主性压缩到一种可操控的程度，但不能抹杀其对外界环境的能动性。微观的功能关系有可能与城市的功能运作保持一致，也有可能不完全一致。但不论哪一种状态，经过一段时期的自我调整和修复，都能使功能结构达到相对平衡。同时，功能结构中的"非和谐"因素有可能在外界条件作用下转化为局部功能的引导，促进功能结构的演进。因此，有序和无序只是一种状态的描述，相互之间能够转换。外部的管控与内在的功能组织既是实现有序的途径，也是导致无序的原因，关键在于这些手段和方式是否超出系统的自调能力，是否能在一段时间后使城市功能结构重回效能的轨道。

在复杂系统的背景下考量相对独立的功能单元，就是在功能的配置和协作关系方面更多地基于历时性的多样化城市环境，强调非预测性、非固化的建筑功能状态以及由功能非确定性所引发的局部功能结构的混沌与改变。所呈现的是一个被现代主义所屏蔽掉的功能真实，填补和强化了城市功能单元自下而上的能动性。

（二）功能作为城市性的调节手段

城市建筑在城市功能体系中的能动性体现在可通过其功能的组织对其城市性特征进行有限度的调整，以此作为对其在城市功能体系中的定义修正。从本质上说，这种调整是对其功能引导或受控性的改变，当建筑功能与城市发生更多的互动关系时成正向改变，当建筑功能变得更为独立时则成反向改变。这里对建筑城市性的讨论一方面基于城市建筑的长寿命周期内使用状态的可变，另一方面基于对新建筑功能的作用判定，在某个相对稳定的功能状态下的局部适应性调整。

1. 功能的作用等级改变

城市中的商业、服务等功能根据其辐射面的大小可以分为不同作用圈层。这种层级式的分布在同级之间存在着竞争和协同的关系，级别越高所需的"门槛"越高，呈现出金字塔似的由高至低分布。功能的高等级分布可以两种方式实现。一种是通过建筑自身功能和规模的增殖，强化对应城市单元的竞争优势，以达成较高的首位分布；另一种是通过相似功能之间的有序结合，形成一个相对协同的功能组团，形成功能聚合的规模效应。这是一种多方利益的博弈，着眼点不在于局部利益的得失，而在于整体功能效益的强化。当整体的利益得到最大化的体现，下属各个功能单元的价值也随之实现；反之则相反。

2. 功能的不可替代性

城市功能之所以能成为系统，因其存在大量的"基质"，同时具有一系列关键的特异性功能点，这些"异质"点被"基质"服务，同时也定义了"基质"所构成的城市组群。当建筑由"基质"向"异质"变化，其城市性的等级得到正向加强，反之则等级降低。被定义为"异质"的功能往往在城市生活中具有重要的作用，不能由其他的功能简单替代。与之对应的正向设计策略首先在于对优势区位的选择；其次，周边的功能配置应能对其形成支持、互补、连续等功能作用，保证其功能效益发挥的同时，对相关的功能进行一定的孵化和培养；最后，该类型的城市建筑往往与相关的城市职能有较为密切的联系，突出其功能运作的效率。对于既存建筑而言，这种功能的调整是根本性的，从而也具备了活化既有建筑资源的根源性能动机制。

3. 成为城市意象节点

一些城市建筑的使用功能特征并不突出，但由于其在城市发展过程中具有特殊的历史意义和象征意义，成为市民广泛认同的城市标志性建筑。该类型建筑的使用功能与其象征功能是相互剥离的，脱离了具体的使用功能，其象征意义仍然存在；而没有了象征意义，使用功能则变得无足轻重。在人们的认知中，该类型建筑形成了另一种非客观性的城市结构描述，通过对城市标志性建筑的抽象、编码和分类，形成城市空间结构的心智地图。这一过程表明：简单化、标签化和程式化的操作是认知主体认知城市结构的典型特征。这两种结构的描述不相一致，但对于这类建筑空间位置和相互关系的叙述却异常准确，意象性的描述是对城市物质性空间结构的一种高度的抽象和体验。对于这类建筑的功能设计应着眼于其在城市空间中的结构性和意象性，是对城市历史和事件的映射，而不是使用功能的反映。

4. 功能成为城市触媒

城市建筑在与其他城市功能单元的互动中，由于功能之间的关联和激励，使其具有一种局部功能的"激发"能力，使相邻的其他城市功能单元在它的功能引导下实现持续性的功能调整和更新。这种激发直接导向各功能单元功能的集聚和协同，进而引发功能链的产生和发展。是否具有催化功能，取决于其是否能够引起周边区域现有功能单元的连锁变动，是否能保持这种功能变动的长期有效性，是否对旧有的功能构成优化，是否在一系列的功能变化与转置中保持既有的功能特性等。因此，功能的催化指向建筑功能的规模与类型，催化剂的产生由城市中各种功能关系塑造，并反作用于城市的各功能单元。从这个角度而言，催化并不是一个终极目标，而是一种驱动和引导后续发展的动因。和外部规则的功能引导不同，这种功能的催化不与预期的目标重合，而取决于功能的市场化运作下各功能单元的自组织行为。

三、基于城市建筑一体化的功能设计方法

（一）复合作为一种功能设计方法

1. 功能复合的维度

一般而言，在各功能的组合中遵循两种基本秩序，一是各功能机构的分布模式，二是在各功能机构中人员的行为方式，二者互为因果。商业和服务业一般分布于步行密度相对较高的层面，以求得到更多的人流、物流的交换；而办公、居住等功能一般分布于步行密度相对较低的层面和位置，以屏蔽外界无关人员的干扰，加强内部人员之间的交流和协作。当这种组合增加到一定程度，就不以单一建筑空间内部的功能叠合为主，而表现为多体块的分布和穿插，并在功能组成上更多地与城市交通网络相互包容与渗透，功能组成的多样性进一步得到扩展。

功能的组合主要有水平组合、垂直组合两种维度。前者强调在城市空间水平向的功能拼贴，有利于缩减各功能单元之间的联系环节，以最为直接的方式实现功能的互动；后者则讲求功能组合中的空间效益，将不同的功能单元按对空间使用要求分层设置，各功能单元之间的联系性不强，相对独立。MVRDV的功能组合策略常常采用一种相互契合的异型方式，将功能的多样性与使用的多样性统一，并将功能组合的基本模式在建筑的外在形态上投射。

建筑功能的复合在当代城市中是一种普遍现象，既有大量背景建筑中的公共与私密部分的重叠，也有典型的复合型功能类型。

2. 城市综合体

建筑综合体是在一个位置上具有单个或多个功能的一组建筑。随着城市和经济的发展，城市土地资源日益紧张，城市中开始出现商业综合体、办公综合体等功能相对集中的建筑类型。城市综合体通过各种功能综合、互补，建立相互依存的价值关系，使之能适应

不同时段的城市多样化生活，并能自我更新与调整，具有极大的社会效益。

城市综合体的功能设计包括功能的整体定位、档次定位、市场形象定位、各类物业的定位以及它们的功能组合方式。其中，整体定位是根据城市综合体所在城市区段，通过市场分析确立城市综合体所承担的城市功能主体。在明确其整体定位的前提下，才能实施综合体内各类物业的具体定位和功能组织。

3. 室内步行街

室内步行街是建筑综合体的一种平面化形式，宜人的购物、休闲环境使其不仅能满足日常生活的需要，更可以成为增加人们交往和社会见闻的场所，因此也被称为"城中之城"或"散步采购"的游憩通道。其功能特点是各种商业设施沿着室内的步行通道布置，形成一种功能相对同质的聚合，突出功能的群体组合效应。

现代室内商业步行街的功能设置与洋流的作用有一定的共同之处。海洋的洋流主要是由长期的定向风形成的，流动方向与风向一致。洋流的流畅区域，海洋的生物资源难以停留、累积，而成为鱼类的迁徙途径。相反，当洋流产生回旋时，将导致大量生物的滞留，吸引鱼类的集聚，回旋区域内的食物链结构由此产生。在室内商业步行街的功能配置上，人为地制造这种"洋流的回旋"能起到对局部功能的激化，带动整体效益的提升。据此可以得出商业步行街的理想功能布局的模型。

4. 城市复合结构

当建筑综合体的规模增加到一定的程度，自身的功能高度集聚，并与城市职能密切交织，而成为城市的复合结构。复合结构的主要特征是：建筑单体的概念相对模糊而趋向于建筑群组的综合；在用地方式上表现为跨越城市街区的联合开发；在功能组织上强调各类功能的多样聚合，且强度极大；在空间组织上反映了对城市空间最大限度的立体利用，地面上下的空间资源得到充分的发挥；在交通方式上形成以步行网络为主体的城市三维动线与静态交通相结合的综合模式，城市复合结构是一种微缩化的城市结构，在建筑城市性的层级结构中占有较高的等级。复合结构也常常是城市社会、文化的中心，人与人之间的交往、互动一直是其中的主题。从功能的构成上看，复合结构的功能有三种类型：以一种功能为主体的方式、多种使用功能并行的方式以及城市交通枢纽的功能复合化。

（二）城市、建筑的功能一体

当城市建筑处于一个具有发展潜力的城市地段，区位、交通等外部条件的优势明显，功能的设计策略是通过对功能配置进行局部的调整和置换，引入部分的城市功能，实现建筑与城市功能的互动。所谓城市与建筑的功能一体即是城市功能成为建筑功能体系的必要组成，并进一步与建筑的空间生成同步，二者缺一不可。

1. 城市交通与建筑功能的一体

城市交通与建筑功能的结合实现了一种城市局部与整体间功能的双赢。城市交通因建筑空间的延展而获得了更多的空间资源，改善了交通的物质条件，提高了运作的效率；城市建筑也因城市交通的结合，得到人流、物流上的便利，为建筑功能的实现提供了更多的可能。城市交通对建筑功能的转移包括静态交通、步行系统、换乘系统与建筑功能的结合，互动不仅产生于与城市空间的界面，更深入建筑的内部、上空和地下。城市交通与建筑的结合依据交通整合方式的不同，可成为城市触媒的一种手段，也可成为城市功能网络中的节点，因此，可视为一种对建筑功能进行城市性调节的有效措施。

城市交通向建筑的转移还表现为对城市土地利用上的集约化方式，是对城市空间的使用效益的改善和提高。静态交通往往占据较大的城市空间，与建筑功能的整合体现为各种机动车库在建筑使用价值相对较小的地下和顶部空间进行叠合配置，能有效地减少对城市土地的占用。城市步行网络与城市建筑内部空间的相互穿插交织，使独立的功能单元在步行系统的连接下成为彼此相关的功能连续系统。步行系统的植入在建筑的内部空间中产生了更多功能激发的可能。当步行系统在建筑内部与城市的交通换乘系统相配合时，其功能的媒介作用得到强化，能实现建筑内在功能的增值和城市性等级的提升。

随着城市地下空间利用的普遍化，城市建设地块内独立使用的地下静态交通空间越来越多。非系统性的城市地下空间构成一方面不利于城市地下空间的利用，另一方面因为每个独立地块须分别处理机动车的出入库而须设置大量的地面疏导性交通，故而增加地面交通的压力。其中一种可行的方式是在地下空间密集的城市区域，通过局部建设地下交通环廊或地下交通系统的方式，将独立地块的停车空间与地下车行道路相联系，能够大大疏解地面交通的压力。

2. 城市、建筑的空间一体

城市交通尤其是步行交通向建筑的转移，间接地将城市街道、广场上的城市生活引向建筑内部，使得城市公共空间与建筑的内部空间得到系统化的整合，使其带有交往、休憩的功能。同时，人们对建筑与城市问题认知的深入以及建筑规模的不断扩大，使设计城市的空间语言在建筑空间中实现转译。城市道路、广场等语汇成为建筑的功能、空间的构造元素，在功能实体的间隙，形成一种具有城市公共属性的介质，黏合于功能实体之上，赋予更多非设定的使用要求。

（三）渐进式的小尺度介入

相对于城市规划对城市功能和空间结构的系统性建构，建筑师介入的方式带有鲜明的"小尺度和渐进式"的特征。相对于追求终极目标的自上而下方式，这种对城市系统的营建是在动态特征下的建筑学回归。一方面，基于对城市系统内元素之间功能能动性的反馈实现功能体之间的良性平衡；另一方面，也将这种功能结构关系折射于城市的空间建构体系，实现城市空间结构的优化。

1. 局部功能对整体的反馈

城市局部功能是对城市整体的功能结构做出的一种适应性反馈和调整。不同于整体控制的规划手段，这种反馈是基于系统元素之间以及元素与系统之间的功能互动，是在内在规则和外部调控的双重作用下的能动行为，具有鲜明的局部性、动态性和非预见性的特征。

首先，无论是基于 CA，还是基于神经网络的城市性功能作用，其对城市整体功能结构的反馈都针对局部功能与相关功能体系之间的有机平衡，通过系统内部的涨落，以自组织与他组织相结合的方式实现。作为全面揭示城市复杂功能系统内在机制的一种分析手段，它们弥补了通常功能分析方法中从整体到局部的不足，能够更加真实、全面地反映城市功能系统的运作状态。

其次，这种分析立足于对与功能相关的各种关系的梳理，而这些相关因素或关系在城市的发展过程中是不断变化的，只有把握了内在的关联机制和作用规则，在动态的基础上进行，才能较为准确地对不同时段的城市功能状态做出准确的判断，进而指导后续的功能设计。同时，这种功能的互动又是一个不断往复的过程，既有的功能环境对新建筑的功能做出限定或引导，不断地修正和调整局部的功能结构，使之逐渐完善，并最终反馈于整体的功能结构。

最后，自下而上的功能组织自身带有很强的过程性和随机性，不能在短时间内立即呈现，也受到各种偶然因素、城市发展状态、政策管控规定的影响，与整体的城市功能结构规划不同，不能完全地加以预见，只能在动态中逐步调整而达到整体优化。在面对复杂的系统时，一切想通过人为控制的方法都是无效的，我们只能把握系统内在的运作机制和规则，在过程中寻求解答。一切的分析手段都不是长效的，只能根据现实的状况，达成对系统状态的有限预测。

局部的功能对两个方面产生意义：首先是形成城市各层级功能结构的有序，其次是通过功能结构进而作用于城市的空间结构，从而实现城市整体空间结构的有序。

2. 功能结构的优化

基于 CA 的城市性功能作用是对城市局部功能结构的一种渐进式优化，是在区域内部，通过元素之间功能的连续、填充和协作而达成的均衡状态，从而使整体的功能结构优化。基于神经网络的城市性功能作用着眼于城市各相关区域的功能协同，在城市整体功能结构层面建立一种动态的平衡，实现微观元素功能作用的非线性跃迁。这两种作用方式都是对整体功能结构的有益反馈，并最终在城市各级功能结构上呈现。这种功能的反馈作用直接对城市规划的修编、调整产生积极意义，以作为下一阶段城市建设和管控的依据。

3. 城市空间结构的优化

从城市空间结构与功能结构的表现形式来看，二者存在着互动，是相互对立、统一的关系。城市空间结构和功能的矛盾不断产生又不断解决，推动着城市空间的发展、演化。城市空间结构制约着城市的功能格局，而功能在适应城市环境变化的同时又能反作用于城市的空间结构，促进城市结构的改变，使改变后的结构具有更佳的功能环境。随着环境的改变，又会产生打破既有均衡的诉求，要求城市各部分的功能结构产生应变，引起城市空间结构新的调整。这种相互制约、相互促进的关系相互交织，在自组织和他组织的共同作用下实现城市空间结构与功能的整体协调。城市各级功能结构的优化，反映在城市的空间结构上就是城市空间结构的优化。例如，基于神经网络城市性功能作用的结果，是城市空间结构的多核心网络化状态，能够在宏观尺度上促进城市各区域的均衡发展，提高城市系统的运作效率，保护城市生态环境。

第三节　城市建筑的设计运作

一、城市规划视野中的城市建筑

城市规划的编制一般分为总体规划和详细规划两个阶段，详细规划可细化为控制性详细规划（以下简称控制性详规）和修建性详细规划（以下简称修建性详规）两部分。在城市设计对城市建设的作用与地位明确之前，我国的城市建设基本基于这样的纵向体系。而城市建筑作为该体系的最终层面，与控制性详规和修建性详规的有关规定直接相关。

详细规划的成果可以直接指导城市建筑项目，但在这种运作方式下的建筑设计存在一定的问题。首先，规划体制的层级划分带有强烈的自上而下规定性，下一层级在内容和形式上都是对上一级结构的回应，不得破坏。各种指标体系的建立是这种运作机制下对建筑设计最为有效的控制手段，然而由于指标体系建立的不完善，往往使建筑项目的设计徘徊在限制和放任之间。其次，虽然修建性详规在一定程度上具有三维形态管控的内容，但对城市空间形态的控制和引导缺乏有效的措施。基于详细规划的建筑设计带有明显的平面化特征，不能适应城市形态多样化的发展需求。最后，由于机制上的层层控制与约束，使得从规划体系到建筑设计呈现单向化的静态特征，难以通过局部的变化对城市功能、形态和空间结构产生相应的反馈。

二、传统城市设计视野中的城市建筑

城市设计在操作对象、方法等方面有别于城市规划与建筑设计，在城市建设中的作用不可替代。传统城市设计的研究内容集中于城市的外部空间、建筑之间的关系以及与空间形态相关的城市各系统之间关系。在城市设计的视野中，城市的整体形态更多地取决于城市设计的效果而不是单体建筑的外在形态。

在城市设计的概念和方法引入我国城市建设领域之后，城市建筑的运作由原来在城市规划体系下的单线模式向城市规划与城市设计相互协作的双重限定模式过渡。城市设计强调城市整体空间形态的完整，在城市建设中的作用趋向于"线索"的方式。

城市设计与建筑设计在对象、内容、工作方式以及实施效果等方面存在差异，然而二者作为城市建设体系中相互连续的过程，在内容和操作过程上具有一定的重叠，不可截然分开。首先在内容上，微观层次的城市设计包含建筑设计和特定建设项目的开发，如街景、广场、交通枢纽、大型建筑物及其周边外部环境的设计。这一层次的城市设计最终落实到具体的城市建筑和较小范围形体环境的建设，要以城市设计导则、图则等方式对城市建筑的设计进行引导和管控，使其在形式、风格、色彩、尺度、空间组织与城市文脉结构、空间肌理协调共生。其次在运作程序上，城市设计与建筑设计是在城市建设体系中的连续过程，前者为后者提供设计的基本框架和管控的基础，后者通过对具体项目的实施使城市形态得以最终成形。最后，建筑设计在城市建设中，作为城市规划与城市设计的最终成果，对城市设计实施效果进行检验，并反馈于城市设计的过程，促使其修正、调整其中的不足，对未来的城市空间形态进行指导。

如果说我国以往的城市建设遵循总体规划—分区规划—详细规划—项目设计的纵向过程，那么随着城市设计体系在理论与实践的发展和完善，这种纵向结构正趋向扁平，体现为城市设计与建筑设计的双向互动。

首先，城市规划、城市设计和建筑设计在城市建设体系中不是简单的层级区分，其职能范围存在着一定的交叠、重合和渗透。一方面，城市设计与城市规划的研究对象都是城市，都以创造良好、有序的生产、生活环境为目的，都要综合协调各项城市功能，安排城市各项用地，组织、安排城市交通和基础设施，研究城市的社会发展，考虑城市的历史文脉等。它们之间的交叉领域涵盖了城市建设的各个层面，并统一于完整的规划过程；另一方面，城市设计在相对全面、整体的层面对建筑的功能和形态做出引导和限定，使其从自为的状态走向有限的约束，在完善自身功能与形态的同时对城市功能和空间形态做出有益的回应，并保证城市整体性的完整。其次，从城市设计的人员配置由规划师和建筑师构成可以看出，城市设计的编制一方面吸取了城市规划中关于城市功能与用地性质的内容，将详细规划中的相关指标体系引入，对城市建设行为加以制约；同时对城市空间形态的管控手段源于建筑师的空间组织原则，在更大的范围和更高的层面上对城市空间的整体布局进行调控并指导城市建筑的形态走向。最后，三个环节之间不是简单的层级之间的单向作用，其职能范围的交叠使得它们相互之间的关系呈现双向的互动。城市设计一方面受到城市规划制约、控制，并对建筑设计产生限定和引导；另一方面也接受建筑设计的修正并反馈于城市规划，彼此之间的作用贯穿于城市建设的全部过程。

三、城市建筑的新视野

随着城市设计在城市建设中作用的强化，以及建筑师城市意识的增强，城市日益成为建筑师创作中的基本命题，其中主要问题集中体现在城市建筑如何与规划相结合，体现城市规划的指导思想；在当前国内大规模、快速化的城市建设中，建筑师要在建筑设计与城市设计之间建立一条有效沟通的桥梁，要将城市建筑的实施过程与城市的发展过程加以统一，在新的维度下重新认知建筑与城市之间的局部、整体关系。

（一）微观层面城市设计

在城市发展网络化的前提下，城市建筑已不能用常规的建筑学自身的规律进行研究。而城市设计的基本观点和操作方法有助于城市相关因素之间关系的分析、研究。将城市设计分为不同的层级，设计城市建筑即可视为一种微观层面的城市设计，一种小尺度、渐进式的建筑干预成为城市空间形态与城市职能建构的一部分。

首先，城市、建筑一体化的设计理念将城市建筑定位于城市功能、形态网络框架之下，超越原本相对狭隘的建筑本体范畴，有助于城市局部与整体的契合，有助于局部秩序向整体秩序的转化，有助于城市建筑与城市规划在价值取向上的统一；其次，从微观层面城市设计的角度考察城市建筑，可以在原本相对独立的城市微观元素之间建立有效的沟通，这种沟通既可以是有形的关联，也可以是无形的力线，使城市松散的构成元素系统化；再次，可以将城市设计的中所涉及的分析、研究方法引入建筑设计领域，弥补建筑设计在应对与城市相关方面的研究方法的不足，拓展建筑与建筑之间、建筑与城市之间的设计操作；最后，以微观层面城市设计的视角看待城市建筑的设计，使城市设计的"线索"作用真正落到实处，使城市建筑的功能、形态契合到城市的功能网络和空间网络。

我国近年来的城市设计活动，基本上都是规划师和建筑师共同参与的结果，而这种参与是通过两种途径得以实现的。第一种途径通过制定"城市设计指导大纲"的方式来实现，这种方式旨在"设计城市而非设计建筑"，是规划师参与城市设计工作的主要途径；第二种途径通过设计具体的城市建筑物与城市空间来达成，主要是建筑师们进行城市设计工作的方式。未来的城市设计要将此两种参与方式进一步整合，将局部的设计纳入城市整体之下，同时局部的设计也能影响整体的调整、完善，使二者处于一种动态的交互反馈状态。因此，建筑师必须强化城市意识，在建筑创作过程中做到城市意识的自觉。同时其具备的学识和能力也要从建筑专业扩展到规划、城市设计的各个方面。

（二）由外而内的建筑设计

将城市建筑的设计纳入微观层面的城市设计范畴的前提是城市建筑具有城市功能、形态相关性。城市建筑具有内外双重属性：对内，它要满足功能要求、空间要求、心理需求，传统的建筑学对其已有各种描述；对外，它要反映与各相关城市元素之间的关系，体现城市整体功能秩序与空间秩序，并由城市建筑作用能力的不同，在不同层级上对城市产生反馈，前文的建筑城市性已对其详述。内外两方面的作用构成了城市建筑完整的定义。

对建筑城市性的研究并非在建筑领域开创一个新的方向，而是还原城市建筑的本源。在西方传统体系中，建筑师的工作领域涵盖了城市规划、城市设计、建筑设计、城市雕塑等方面。虽然没有整体上的规划控制，但建筑师在处理城市局部问题时，城市的整体性始终作为隐喻存在，他们在设计建筑的同时，也在设计城市。城市中的局部存在于整体之中，体现整体的价值。现代学科的建构，使原来的建筑学走向分化，城市规划、建筑设计相对独立、自治，在一定程度上造成建筑内外双重属性的割裂，造成城市与建筑在功能、形态等方面联系的中断。在当今的城市发展中，重提建筑的城市性对于建立一种由外而内的城市布局具体重要意义。

外在的城市空间结构、形态秩序与功能配置与城市建筑内在的相关特征如何产生逻辑上的对应、转换或改变，且这种城市的逻辑以一种根源式的方式植入建筑生成的过程中？这一方面在于用城市的（系统的）逻辑思考建筑问题，另一方面在于将建筑设计过程置于一个连续发展的城市（系统）之中，摒弃静态、单向的设计思维尤为重要。同时，不可否认的是，任何城市建筑的设计过程都是由外而内、由内而外双向过程相互博弈的结果。在此互动中，建筑师的雄心、主观往往屈从于城市的客观，方案的转向可视作对外部世界的另一种诠释方式。

（三）局部整体的运作过程

建筑对城市的楔入是一个局部过程，在实现自身功能使用、形态塑造的同时也使局部的功能秩序和形态秩序与城市整体产生联动。这种反馈作用以元素之间以及元素与系统之间的自组织和他组织作用实现，反映出城市系统复杂性的特质。从局部到整体的设计过程体现了建筑对城市系统楔入的能动，既是一种从微观到宏观的城市生成过程，又是一种对城市系统进行功能、形态调节的手段。在这种局部与整体的相互关系中，局部之和大于整体，局部的变化决定着整体，局部设计的状态影响着整体设计的特质。

强调局部到整体的设计过程就是否定城市规划或城市设计中对终极式的编制、管控方法的追求，转而强调城市发展的过程化、动态性和非完全预测。从局部出发并不排斥城市规划、城市设计从宏观方面对城市功能、形态的外在作用。建筑在城市中的作用是自组织和他组织的叠合。二者在城市系统中不是一方决定另一方，而是既相互制衡又相互促进，二者不可分割。因此，设计局部就是设计整体。

基于建筑城市性的设计方法与其他建筑设计方法最大的不同之处在于设计者基于城市的视点，通过局部与整体的互动引导设计的进行。小尺度与渐进性的特征决定了其微观的视角和策略，非惯常的自上而下，而是自下而上进行。虽然最终的成果是具体建筑的生成，但城市始终作为一个思考和操作的背景存在，左右着设计发展的每一步。强调自下而上的设计过程并不是对自上而下的否定。在城市中这两种设计方法共时存在，具有不同的侧重方面和操作原则。自上而下的方法以城市整体的宏观性建构为目的，以终极式的城市理想为原型，以人为的外部力量实现。而自下而上的方法是按照城市元素与系统的运作规则，通过渐进的方式实现城市系统的有机、有序。因而结果由过程所控制。在我国快速城市化的发展背景下，这两种方法同样具有现实意义。一方面，快速的城市发展需要强有力的控制手段对城市的发展状态做出方向性的引导，强化效率和秩序的原则；另一方面，对于严重滞后的规划、管理而言，以自下而上的方式实现城市局部地区功能、形态的有序是对目前我国现行城市规划、城市设计方法的有益补充。

（四）分析、设计与运作的统一

城市建筑的设计与城市规划、城市设计在目标价值等多个层面相关，既要承接上一层次的设计成果，又要在自身的实施中体现这种过程的一致。由城市问题出发，经由城市研究得出设计策略，并由设计操作解决设计问题是基本过程。同时，针对不同的城市建筑和城市环境类型，采用相应的设计团队组建方式，以最具效率的方式引导设计的进行是确保设计得以实施的重要手段。因此城市建筑的运作非传统意义上的单兵作战，也不是设计问题的简单求解，而是分析研究、设计操作与实施运作的连续统一。统一的根本在于设计导向的城市倾向，以及在这种城市宏观思维下局部利益的协同统一。

长期以来我国的城市建筑设计实践偏重于在建筑本体方面的发展，强调建筑功能与形态的自洽，强调在城市规划要点、控制指标限定下与城市规划被动性的适应，建筑师的创作实践行为可视为一系列"试错"的过程，缺乏对相关城市问题的自觉。同时建筑设计也是在限定与自由之间的能动，既是对外部规则和状态的回应，也能够成为对规则形成的促动，在自下而上的层面上实现城市的生成、发展。

城市建筑的运作过程与城市规划、城市设计密不可分。在我国目前的建设模式下，城市建筑的运作受到城市规划和城市设计的双重控制，建筑师变被动性的适应为主动的契合要从几方面进行探讨。首要的问题在于各方职责的认定和限定条件的合理，并能保证其实施的有效；其次，在于在这些限定因素的影响下，建筑师能够体现创作中的主观能动，在满足建筑的基本功能与形态要求的基础上，实现对城市整体效益的激发和提升，并对既定的目标进行有益的修正与完善；最后，要谋求城市设计与建筑设计运作机制上的整合，在保证城市整体效益的前提下，建立多方合作性的博弈。

四、城市建筑运作的管控与引导

一般来说，城市规划对城市属性进行"性"和"量"方面的限定，城市设计主要对城市的空间品质进行"质"方面的限定，城市建筑是在这种多重限定下对城市空间的填充和牵引。在当代的城市建设中，城市规划与城市设计对城市建筑的管控作用由其职责的规定性决定。

（一）城市规划对城市建筑的管控措施

1. 规划管控的约束性

在计划经济时代，计划性是城市规划的正统理论。在它的指导下，城市建筑的实施是不断实现这一整体目标的渐进过程。然而在更为现实的城市状态，众多开发者独立的个体行为，在很大程度上决定了城市空间的布局，政府的作用重在提供城市基础设施和规划管理原则上的指导。因此，在现有城市状态下，城市规划对于城市建筑的限定性主要体现在政府的控制性传统。城市管控的目的是针对城市发展中出现的一些无序现象，在一定目标原则的指引下进行控制和引导，并通过法律规则的形式来进行。城市中建筑项目的设立，必然表现为土地的开发行为，必须获得政府部门的许可。控制管理体系是以一种制止系统（Preventative System）对土地使用提出很多的控制措施，不仅针对"实施性"的开发，也针对土地使用性质的变化。这是一种极具灵活性的权力，它可以根据各种因素来同意或者否决一个建筑项目的申请，这些因素包括建筑的使用性质、地形处理、布局以及周围需要保护的历史因素等，同时也可以在同意申请的条件下附加许多开发条件。

城市规划对建筑设计管控的基本点是对城市土地开发的控制，其本质是在市场起主导作用的环境中，通过公共管理、控制行为，对市场中的自由作用力进行规范控制，使其顺应城市的公共利益。在现代城市发展的早期，土地开发控制是以契约的方式相对自由地进行，其目的是保护某个房屋业主免受相邻物业，尤其是防止对相邻土地的使用产生不和谐的影响。这种非正规的方式不能适应日益复杂的城市发展，需要一个公共部门对私人产业实行土地使用的限制，控制随意的开发行为。这样，不仅产生了独立于公共法条例以外的市政部门，而且也产生了整个规划管理体系我国的规划管理具有服务和制约的双重属性，这是由国家行政机关职能所确定的，也是由城市合理发展与建设要求所决定的。就其管控的内容大致分为宏观、中观、微观三级层次，其中对建筑项目的控制仅属于微观层次。其对建筑项目的控制性要求主要集中在建筑项目对土地使用的要求、功能配置与城市整体功能运作的关系、空间布局与城市整体空间结构框架的关系等方面，并通过一系列规划控制指标的形式对建筑的个体行为做出限制。一般建筑项目的管理内容包括建筑物的使用性质、建筑的容积率、建筑密度、建筑高度、建筑间距、建筑退让、绿地率、基地出入口和交通组织、基地标高控制、环境的管理等。而建筑的外部形态、立面处理这些通常在规划审批中作为参考内容，在严格意义上并不属于城市规划的管控范畴，而多与城市设计相关。在我国目前城市发展的状态下，城市设计的成果只有纳入地块的控规条件才能获得相应的执行效力，其运作方式往往与城市规划的管控作用相互交叉。这也使得规划本身超越了自身的职责限定，将对城市空间形态品质方面的要求纳入自身的管理权限，从而导致对建筑方案审定的不全面和公正的缺失。

2. 指标管控作为一种方法

城市规划对建筑项目管控的各项指标往往成为对建筑设计行为进行规范的一种定量约束。一般来说，这种指标的制定是经过严格的科学研究，具有严肃性的法律和最大的社会公允。然而不可否认的是，随着城市复杂程度的加强以及城市的快速发展，这些指标的制定过程以及指标实施的有效性正面临着考验。首先，这些指标的设立要根据城市发展的现状进行调整。我国城市化进程的发展中，原有的控规条件被不断突破、土地开发和建设单位利益最大化的追求、拆迁安置和企业破产补偿等社会因素的压力、城市建设中的各种不确定因素的存在、原有控制指标的研究深度和预测性的不足等因素都是导致这种指标自身调整的根本原因。其次，这些指标并不能代表对城市环境控制的唯一依据。在某些特定的城市区域，按照规划指标的建设模式只能导致机械的城市空间格局，应根据具体的城市状态进行深度的研究，制定合理的管控实施办法。

3. 管控指标的调整

建设单位应当按照规划条件进行建设；确须变更的，必须向城市、县人民政府城乡规划主管部门提出申请。变更内容不符合控制性详细规划的，城乡规划主管部门不得批准。这意味着在城市建筑的设计运作过程中受控性的存在。但控规条件，尤其是用地指标条件的控制是国有土地使用权出让、开发和建设的法定前置条件，直接决定着土地的市场价值，具有不可撼动的法定性。但一些非开发强度控制的设计条件仍可通过严格的法定程序，经由建筑设计的验证后提出并报请批复。

修改控制性详细规划的，必须严格按法定程序进行。

一是组织编制机关应当对修改的必要性进行论证。

二是征求规划地段内利害关系人的意见。

三是向原审批机关提出专题报告，经原审批机关同意后，方可编制修改方案。

四是修改后的控制性详细规划经本级人民政府批准后，报本级人民代表大会常务委员会和上一级人民政府备案。

五是控制性详细规划的修改必须符合城市、镇的总体规划。

六是控制性详细规划修改涉及城市总体规划、镇总体规划强制性内容的，应当按法律规定的程序先修改总体规划。在实际操作中，为提高行政效能，如果控制性详细规划的修改不涉及城市或镇总体规划强制性内容，可以不必等总体规划修改完成后，再修改控制性详细规划。

控制性详细规划的修改，必然涉及规划设计条件的修改，规划条件作为用地规划许可的核心内容和国有土地使用权出让合同的重要组成部分，涉及建设项目开发强度等多项规划指标，在一般情况下不得变更。确须变更的，必须由相关单位向城乡规划主管部门提出申请并说明变更理由，由规划主管部门依法按程序办理。

（二）城市设计对城市建筑的管控措施

1. 城市设计的控制方法

城市设计是城市建设过程中必不可缺的一部分，它可以使城市空间在市场中的交换价值最大化，也可以为使用者创造更多功能和美学的使用价值，成为生产和消费的要素。开发机构在运用物质资源的过程中受到所处社会环境中规则和理念的约束，逐步、渐进地建设城市的建筑环境。城市设计在这个过程中扮演着提供规则、理念，实施控制的角色。为了获得高品质的公共价值域，城市设计的控制主要包括两个层面：开发控制和设计控制。

开发控制主要关注城市开发中的功能性目标，包括建筑的功能定位与建筑群组之间的功能关系，而对城市空间中人的使用和感受等要求以及城市开发所引起的社会空间的变化则较为忽略。同时，开发控制的法规性色彩较强，偏重于开发利益的公平表达，旨在克服私人利益之间的外部负效益的物质标准，而对公共价值域的形成和维护较为忽视。因此，城市设计中的开发控制与城市规划中的土地开发控制有着一定的联系，是对城市建筑功能的引导，而与城市的空间形态并无太大的关联。在法理的角度，只要开发项目满足了开发控制的诸多要求，就能够获得开发许可。

2. 城市设计的弹性引导

城市设计对于建筑设计的作用在于一种弹性的引导，它的意义不在于产生优秀的建筑，而是要避免产生最不利的城市空间环境。因此相对于城市规划，城市设计对于建筑设计的限定性要更为宽松，并富于可操作性。现代城市设计的阶段性成果主要有三种表达方式，即方针政策、设计方案和设计导则。其中设计导则采用系统控制的方法，不是孤立地针对某一个设计元素，而是将设计对象视为相关元素组成整体中的一部分，找出其中影响设计的关键部分加以有效的限制和激励，对于非重点元素则由建筑师自行把握。在实际运作中设计导则成为主要的标准，并贯穿于运作的全过程。

每一项城市建筑的实施都是在一系列法定程序规定下的建设行为，对其管控的手段之一就是建筑规划设计要点的确立。设计要点应包括基于控制性详细规划的规划设计条件和基于城市设计城市的城市设计准则两个部分。目前，我国较为普遍的做法是将城市设计准则纳入地块的控规导则，并辅以图则的形式指明设计要点。

在规划设计要点中往往存在一定的弹性。非规定性导则限定设计效果而不制约具体的控制方法，采用过程描述的形式提供能促成理想特征的方法。在多数情况下，设计要点中对建筑的不同限定可以通过语言上的描述进行表达，如"应""宜""可"等不同程度的表述表示对要点条目的相应等级。一般认为，除了其中严格限定的因素之外，一部分可通过协商进行适应性的调整，另一部分则完全由建筑师的主观能动决定，具有一定的发挥空间。在建筑方案的评审、审批过程中，对设计要点的理解和遵守往往作为基本的依据。因此，从规划部门到建筑师再到评审专家、审批部门，对设计要点中限定性与弹性的把握应置于一种广泛公允的标准之下，不能超越限定的等级对非限定要素的设计内容进行评价，也不能无视限定标准的存在，鼓励无节制的突破。

（三）设计弹性与设计运作

城市规划不是一个静态的过程，城市设计也不是一个终极的目标呈现，要依据城市发展而不断进行调整和适配。建筑设计中弹性的存在为建筑师创造多样化的城市形态提供了条件，同时这种弹性又使建筑能对城市整体功能秩序和形态秩序做出必要的反馈。反馈基于城市建筑与城市系统以及项目实施主体与规划管控部门的双向的互动。

1. 范式的转变与动态运作

系统的思想基于城市规划研究对象的观点，而理性程序思想与规划本身的过程相关。这两种思想与基于设计的城市规划理论相背离。这种转变可归为如下几个方面：首先，从本质上将城市作为物质或者空间形态结构的观点被城市是不断变化且相互联系的观点所取代；其次，城市空间的社会学概念取代了空间地理学或形态学的概念，物质和美学的描述不能作为观察和评价城市的标准；再次，城市作为"活"的功能实体，意味着城市规划应作为一个过程而不是终极状态；最后，所有这些理论层面的变化都预示着规划技术手段的变化，规划和控制复杂且具有活力的城市系统，需要更为科学的分析方法和运作手段。

这一时期规划领域另一个范式的转变体现在城市规划师从技术专家到"沟通者"的地位变化。城市规划师是一些具有特殊机能，并获得规划师从业资格的人，从而使城市规划成为一个专门的职业。但随着规划思想的种种变化，对规划师所需要的专业技能方面的要求发生了改变。传统基于设计的城市规划范式需要审美和城市设计等方面的技能，而不需要系统和理性过程的科学和逻辑分析方法。

在城市设计领域作为过程的动态城市设计也日渐成为话题的关键词。无论是城市设计的目标价值系统，还是城市设计的应用方法，对于任何一项具体的城市设计任务而言，都只是子项的内容，要相互交织在一个整体的过程中，才能使得城市设计实践受益。城市环境的广延性、城市建设决策的分散性、城市设计层次的多维性均使得城市设计与实施不可能在短时间内获得即时的反馈，更不能对这种反馈进行时时的修正，需要城市系统在多重利益、多重关系的平衡和发展下，逐步得到改善。同时，在城市设计的各个层次构成中，低层级中的反馈作用是通过向上位的逐层反馈而最终作用于城市的整体，在这个反馈的传递过程中存在着一定的过程，通过各级元素之间和外部调控手段的综合作用实现整体的动态有序。

城市设计过程构建的意义在于明确了城市设计是一种无终极目标的设计，成果和产品具有阶段意义，在阶段目标实现的同时又激发新的设计目标。同时过程具有分解、组合的特点，并能形成一定的反馈机制，一旦在设计中出现问题，便可以通过次级的检查寻找到症结所在，并由后续的设计进行弥补心。设计的过程性还可由实际状态与期望状态差异的连续对比、反馈为城市的未来发展做出方向性的指引，通过城市元素的自组织能力，以微小的变化渐进地作用于城市整体。

城市设计的过程性决定了其动态性的本质。就其构成而言，城市设计不仅包括城市设计方案，还包括城市设计的整个运作机制和城市设计方案动态维护与循环反馈机制。最初的设计方案只是动态城市设计整体的一个局部，仅通过通常概念下的初始方案不具备贯彻始终的条件。因此，城市设计的动态性是对城市从整体宏观到各个局部在内的统一运作，而非仅仅指向其中的某一局部。它既受到上位规划的指引，又对具体的城市建设项目提供引导；既受到局部条件的反馈，进行自我调整，又能将这种调整、反馈向上位传递，促使城市规划进行相应的调整。

2. 规划体系中的参与和反馈

从目前我国的规划参与机制来看，主要的问题在于这种参与是局部的、单向的。一方面，规划成果的宣传和展示虽然对提高公众规划意识有一定的作用，但一般不会涉及规划条款的制订、规划决策的评议，公众参与的效果似乎完全取决于职能部门主管者的价值取向和综合素质。另一方面，因为城市建筑，尤其是具有较高城市性级别的城市建筑不能仅视为局部的建筑问题，应在更为深层次、大尺度的规划层面上进行探讨，因此，建筑师的作用其实也是一种对城市建设过程广义上的参与，且是一种主动、积极的参与方式，对现有的规划模式起到有益的补充。但目前我国的规划管理体系中缺乏对这种模式的研究，城市建筑自下而上的作用不能反馈于规划层面，更没有相应的制度和规程相辅，将这种局部的作用投射于规划渐进性、动态性的调整与实施。

强调城市建筑在城市整体中的作用，建筑师在城市建设中的参与作用并不是试图消解城市规划的权利，否认城市规划的作用，而是希望借此建立一种政府与民众、宏观与微观、整体与局部之间良好的对话与协作关系。这种微观能动作用在于比自上而下的规划控制更能敏锐地把握城市中的变化以及多样化的非预设因素的出现，并以较快的速度将这种潜在的现象和因素物质性地呈现。同时它超出一般意义上的参与概念，强化了实施过程中双方利益和价值的对话与协作，以确保局部利益与整体利益、局部价值与整体价值的双赢。建筑师作为具有一定专业知识的市民代表，其参与的主动性、能动性较一般民众更强，也更容易搭建与政府规划部门的对话平台。政府规划管理部门所要关注的重点应聚焦在建筑师参与机制的制度化建设以及协作平台的搭建方面，一方面杜绝建筑行为的随意性，另一方面将建筑师的局部行为纳入整体引导的格局之下，将多方面的微观决策与城市的整体考虑结合起来。在程泰宁院士主持的"当代中国建筑设计现状与发展"研究中提出的建立城市制度就是鼓励以建筑师的语境参与城市空间管理和项目决策。

3. 城市设计体系中的参与和反馈

城市设计中公众参与的意义在于它要求在城市设计过程面向没有充分表达意见机会的普通大众，改变我国长期以来计划经济体制下的"自上而下"的决策机制。城市设计的公众参与在社会系统中建立起一种"契约"关系，使更多的人和活动在顾及自身利益要求的基础上，有可能预先进行协调，并通过"契约"（合法的设计文本）相互制约，从而提高城市设计的可行性和可实施性。

目前我国城市设计领域中的参与方式主要有三种方式。首先是人大代表、政协委员作为公众的代表可以参与规划设计的讨论和审查；其次是采用专家顾问咨询的方式，对拟建项目和城市设计进行评审；最后是通过宣传和公示，介绍规划设计的成果。从这些形式中可以看出，对于城市设计的参与和反馈实际上也是城市中少数人的行为，绝大多数城市市民是被排除在外的，这就导致了城市设计运作中参与机制的名不符实以及有效性的缺失。此外，这种参与方式与城市规划有着一定的相似性，即从主体上还是一种以自上而下为主导的方式，即便有各种不同的意见，能够落到实处的也是少之又少，更不要说建筑设计中对于城市设计中某些限定要素的突破和修改。

从实际运作的角度，城市设计的实施是一个复杂变化的连续决策过程，是一系列个别决策的叠加和综合作用的结果，它涉及政府、开发机构、社区居民以及全体市民，因此有必要建立一个开放的城市设计决策机制。一方面要在城市设计决策机构中吸纳一定比例的专家和社会人士，另一方面要正确认识到城市建筑在城市设计中的重要性，明确城市设计和建筑设计的互动性。不但城市设计对于建筑设计具有松弛的限定，同时建筑设计也对城市设计具有能动的调节和修正作用。因此在城市设计中应当建立与建筑师更为密切的合作关系，将参与工作真正落到实处，对城市设计进行有效的反馈。

4. 建筑设计的能动

建筑师进行城市建筑设计的先决条件一方面来自项目建设主体的项目建议书，另一方面来自城市规划管理部门的规划设计要点。表面上建筑师的工作是在双重制约条件下的被动状态，但从其应具备的专业职能角度及对作为多重利益协调的角色来看，建筑师应具备从被动变为主动的可能。

项目建议书是从建设方使用的角度，对拟建建筑的规模、功能、空间使用以及建设造价的控制要求。相对重要的项目，建设方还会引入专业策划团队进一步完善、跟踪市场需求。不管从项目建议书的角度，还是专业策划团队的角度，其实都因其从建设主体的单方利益最大化出发，而忽视城市或其他利益主体的存在，因而存在着对局部功能合理性的误判。此时，建筑师不仅以专业设计人员的身份出发，同时也应扮演利益协调者的角色，在建设项目与城市系统之间，建设方与城市管理部门之间，在局部利益与其他利益相关者之间建立良好的平衡。换位思考、角色扮演往往成为更加行之有效的方式，通过牺牲局部的利益谋求更大的综合性效益才是建筑师视角下的决策依据。就这点而言，项目建议书或者专业策划团队的结论仅是功能策划的内容之一，而真正的主导性应通过建筑师传递给建设方和规划管理部门。

在我国的规划设计要点中，往往附有建设项目的基地条件图，作为对建设项目地域空间的限定。条件图的内容一般包括用地范围、周边道路、地形变化、建筑控制线（红线、绿线、蓝线、紫线等）以及各种管线的走向。基地条件图是进行建筑设计的基本条件，但对于城市环境的解读不能仅依据条件图的表述。原因在于：一方面，基地条件图只是对建设项目有限地域范围内的客观描述，不能对更大空间范围内的城市环境进行综合性的说明；另一方面，这是一种简单信息的平面化表述，对建筑周边信息缺乏有效的表述手段。因此，建筑师在拿到设计条件时，其思考的视野不应仅局限于建筑基地，而应运用大数据平台、地图研究、文献追踪等多种方式着眼于现实中的城市和城市的发展脉络，在场地内、外寻找设计发展的潜在因素。

5. 城市性理念下的城市建筑设计运作

在建筑城市性理念下的城市建筑设计与运作具有典型的过程性和动态性特征。一方面，以自身功能和形态的组织作用于既有的城市系统，使城市的功能秩序和形体秩序得到优化；另一方面，通过局部与整体的双向作用，使局部的秩序成为系统调整的动力，使城市设计、城市规划产生应变，激发外部调控手段（编制、管控）的改变。这种动态的反馈机制是由当代城市规划、城市设计、建筑设计的相互关系决定的。其职能范围的交叠促使双向互动的形成，城市规划、城市设计对城市复杂系统的认识促使原来单向性的决定作用向控制—反馈的双向作用演替，与城市设计、城市规划的运作产生了内在的关联，成为连续过程中不可或缺的重要一环。

基于建筑城市性的城市建筑运作具有间接性、过程性和利益相关性的特征。虽然城市建筑的运作基于特定的设计对象，直接面向工程的实施，但作为城市系统的有机组成，这种作用是通过局部作用的叠加而引发，并在渐进的实施中逐步呈现。局部对整体的作用是历时性的，通过元素之间以及元素与系统之间的互动实现，其中一系列的控制与反馈过程非同步呈现，要经过一定的时间才能达到平衡，并引导新的演化进程进行。城市建筑的建设通常是在一定利益驱动下的活动，往往以使用者自身的价值最大化为前提，但基于建筑城市性，建筑的功能、形态等方面的能动受到外部城市条件的制约和引导，并反馈于城市的功能、形态系统，自身的利益受到与之相关的其他元素或整体利益的平衡。在实际的运作中，是对各方利益预期的调节，以保证广泛的社会公允和系统整体运作的有效。

基于建筑城市性的城市建筑运作对城市规划、城市设计的管控提出了新的要求。对于城市规划，应做到权力的部分转移，建立规划的协同执行机制，将城市中的相关问题加以统合考虑，避免各部门之间的相互推诿，提高城市建筑的运作效率；鼓励规划编制过程中的多方参与，并把参与机制贯彻到实处，集思广益，使来自微观层面的反馈作用得到应有的重视；建立城市管控的数字化平台，通过建立 3D GIS 等方式将城市外部空间环境作为必要条件，提供给建设单位和设计单位，并将报批项目在数字化平台上实时模拟，以直观的方式检验其对城市形态的作用；建立必要的奖惩制度，对于给城市系统带来优化的城市建筑给予一定的鼓励，促使这种局部的优化得到社会的认可，进而成为一种设计的自觉。对于城市设计，应做到设计编制与管理的整合，改变由不同机构运作而产生的分离状态，将城市设计的技术性和制度性融为一体；建立与快速城市化相适应的控制与引导机制，以方法的控制取代对结果的控制，强化决策的开放性，鼓励局部建设对整体秩序优化的行为；建立城市形态模拟、预测机制，在动态的背景下对城市的建设行为进行监控，并加以有目的的引导；建立协调制度，对局部的建设行为在方案阶段到实施阶段进行全方位的协调，保证城市建筑的运作不以个体利益的满足而损害整体利益的实现，并达成对城市整体空间秩序的合理布置。

第六章　立体城市的构想与绿色建筑设计

第一节　立体生态城市配置与规划

一、立体生态城市配置土地的规划

（一）配置土地的规划

1. 配置土地的圈层结构和规划

配置土地是以立体城市为核心的内外三层同心圆圈层结构，它们分别是城市生活圈、物质循环圈和自然环境圈。

城市生活圈。这是立体城市外面的第一层配置土地，紧挨着规划中的立体城市的基础板块，其土地面积是立体城市建设用地的 1~2 倍，配置土地主要以山地、林地和湿地等生态景观为主，再规划一定比例的用于公共休闲和文化娱乐的公园建筑作为城市生活的配套设施。城市生活圈中的土地配置比例基本上是固定的，后期不应该做大的调整。特别是一些组团的大中城市，它们的城市生活圈的配置土地更是不能随意变更的，否则将与整个组团的立体城市规划不协调和不匹配。单独规划建设的立体城市其生活圈的配置土地可大一些，而在组团城市中生活圈的配置土地会相互重叠，因而可能会小一些，但不宜低于1∶1的比例。

城市物质循环圈。它是立体城市用地的 5~10 倍或更多，物质循环圈的配置土地面积可以根据当地的气候、地理和生态环境等状况灵活处理，主要规划农业、林业、养殖业、渔业和其他产业等，其作用是消纳城市污废水和生活垃圾等，是城市物质循环的最主要场所，主要由林地、农地、工业用地等组成。在这些区域中，城市公共"菜篮子"工程和部分农作物的生产占了很大一部分，同时也包括家禽和水产养殖业等，主要是为了满足城市居民的日常消费需求。工业企业也占一部分，这要视企业的规模和大小决定，也可以划出专门的工业开发区、科技园等。

当然，组团的立体城市的中央水系规划在物质循环圈中比较合适，特别是大中城市组团规划时最为有利。

城市生活圈和物质循环圈的配置土地在组团的情况下会与其他相邻立体生态城市产生交集。因此，在通常情况下物质循环圈可以考虑设置在组团城市的外围，留下城市生活圈与立体城市组团即可。

民以食为天，粮食安全事关国家安全和国计民生，是百姓生活的头等大事。因此，物质循环圈的土地原则上应包含粮食用地，以保障当地城市居民当年的粮食供应。但也不排除在一些鱼米之乡建立专门的产粮区域，如我国东北的黑土地、江淮和湖广等产粮区域，生产的粮食可以在全国范围内调拨和流转。

自然环境圈。它在物质循环圈的外围，这个圈层结构几乎没有外边界，规划用地也不设上限，因而它可以跳出组团范围。因为这些区域将来应该成为野生动植物保护的乐园，远离人类的干扰。但目前人类的主要任务是清除垃圾、消灭污染源、保护和修复原生态的环境，通过几代人的努力，使生态环境渐渐恢复到自然生态平衡的状态。

畜牧业的污废水和粪便是非常庞大的，按照目前人均肉类消费水平计算，其产生的排泄物可能与城市居民产生的污废水和生活垃圾的量相当，因此畜牧业的物质循环原则上不能划入城市物质循环圈的范围内。小型的畜牧业养殖场也应该单独规划一个物质循环圈，选择在城市物质循环圈外围下游平坦的地区，周围水草丰美，植物生长条件良好，最好与大面积的草场、山林或粮食作物的生产区等结合在一起，在满足自身物质循环要求的前提下就地解决。同时，畜牧业的污废水也不得任意排放到自然水系之中，人们应该根据污废水量建立一个与此相适应的智能灌溉网络，使之就地在与此相配套的林业和农业灌溉区循环和消化掉。

另外，许多农作物和植物的生长需要有特殊的地理环境和气候条件，畜牧养殖也存在同样的情况。因此，不能在所有的城市周边设置农牧区，而应该根据当地的自然环境条件因地制宜，宜牧即牧、宜农即农。粮食种植和牛羊放牧等可以划出合适的地区供其专业经营，特别是一些大型农牧养殖场等更应如此。

2. 配置土地的边界设置

城市生活圈中的配置土地主要是林地和湿地等景观用地，是城市居民生活配套用地。面积与立体城市用地相当，内部以立体城市的外围轮廓线为边界，外部按照规划规定的用地范围为边界，它们的内外边界是非常明确的，日后也基本上不做调整。物质循环圈在城市生活圈的外围，占地面积比较大，内部边界以立体城市和城市生活圈外围边界为边界，其外部边界为自然环境。因此，其外部边界可以做模糊处理，必要时边界也可以做相应调整。

为了防止某些野生动物误闯，所有边界均可以利用河道、陡坡及其他难以逾越的天然屏障作为明显的划界依据。另外，在城市生活圈或物质循环圈的边界上，还可以将城市建筑垃圾和固体垃圾等堆积成绕城环线，在环线上设置机动类交通干线、环线外侧设置河道等。

接下来就是自然环境圈，它以物质循环圈的外边界为内边界，除各国人为的国界以外，外边界基本被取消，它们中的大部分是真正应该恢复的大自然环境，将来更应该成为野生动植物的生存和生活乐园，让它们自然繁殖、自由生长和生存。在这些区域或更远的一些区域，政府的工作重心是生态保护和生态修复。

3. 配置土地的用途和效果

城市配置土地主要有四个方面的用途和效果：

一是容纳立体生态城市中的雨洪，在城市周边合适的低洼区域通过地势规划设置中央水系，降雨时便于城市周围高地上的水通过地势高差顺势自然流入汇聚在一起形成河流和湖泊等水景，这对立体生态城市规划非常重要，不仅能够永久性地消除城市雨洪的威胁，同时还是城市之肾，是生态环境中最重要的屏障。

二是作为立体生态城市中居民消费后所产生的生活污废水和生活垃圾的循环处理的场所，这就需要有相应的农业、林业及畜牧业等与之配套的广大土地才能完全消化吸收掉，并保障城市居民的物资和日常消费品需求。而这些农业和林业用地中的绿色植物又是城市之肺，能够保障城市居民时刻享受城市周边的森林气候和新鲜的氧气，并对城市气候的相对稳定起到非常重要的作用。

三是城市生态景观需要及气候环境需要，高楼林立的城市要留有空白的区域，否则城市生态景观不仅会显得单调乏味，城市居民还会缺少休闲放松的自然场所，对人居环境产生不利影响。

四是大量密集的城市高楼还可能减弱和阻断低空大气环流，对城市空气的流动不利，而配置土地及中央水系等可以在各组团的大中城市中形成城市的通风走廊和通道，使城市大气随时保持新鲜和流通，特别针对当前城市雾霾天气更有规划上的前瞻性意义。此外，所有配置土地上的动植物资源和良好的生态环境都将为人类的子孙后代造福，特别是在配置土地上成材的树木将成为人类巨大的森林储备库。只要经过科学合理的可持续利用和更新，这些树木都可以制成木质家具和日用品等，最终还可以作为生物燃料释放利用。

（二）从建筑容积率向城市容积率和城市平均容积率转变

1. 思路的转变

现代建筑容积率是指某规划地块的用地面积与地上总建筑面积之比，它不包括地块周边的城市市政配套和道路交通等所占用的地面。因而，现代建筑容积率只反映该地块建筑的容积率指标，并不能反映地块周边区域以及城市平均容积率指标。城市平均容积率是指整个城市范围内的土地面积与城市总建筑面积之比，它包括城市公园、绿地、市政配套、道路交通和河流湖泊等所占的面积。显然，建筑容积率与城市平均容积率之间的差距是非常大的，世界上大多数城市平均容积率都很低，土地浪费现象严重，虽然个体建筑的容积率可以很高，但城市平均容积率仍是很不理想，土地利用效率不高，并影响城市未来的可持续发展。

在未来的立体城市中，建筑物高度的划分以及高层建筑的重新定义的目的实际上也是对城市平均容积率的调整。目前，许多城市由于土地紧张而大幅度提高建筑的容积率，特别是一些新城规划的容积率指标与老城相比已经非常高了，某些新城中的大部分建筑容积率可能都达到 2.0 以上，个别现代高层建筑甚至允许突破 10.0 的容积率。但我们应该看到，虽然新城规划地块的容积率指标看似很高，但刨去市政配套、公园、绿地和道路交通以后，整个新城规划的平均容积率指标仍然很不理想，房屋空置率也很高。而且许多地块的建筑容积率指标是某些城市当权者拍脑袋的特权和权力寻租项目，不受城市总体规划的控制。目前，国内大部分新城规划的平均容积率仍不足 10.0，还远远不能满足立体生态城市高容积率的要求。因此，现代城市规划的思路并不适合未来立体生态城市的规划建设要求。

在未来立体生态城市的规划建设中，建筑容积率指标并不是最关键的因素，城市容积率指标才是决定因素。这与立体城市的开发模式有关，立体城市注重城市层面的整体开发和城市空间规划，同时必须一次性整体规划并建设到位，个体建筑必须服从城市整体的规划建设要求。这与目前城市规划分地块、分时段开发模式完全不同。

2. 城市容积率和城市平均容积率

未来立体生态城市的容积率指标主要有两个：一是城市容积率，它是指城市整体的规划用地面积与城市地上总建筑面积之比。城市规划用地包含了城市内部所有的市政设施，包括公园、绿地、市政交通等，但不包括城市周边配置的土地，这样的容积率指标几乎是不含水分的，它能使得城市土地和空间利用效率最大化，经济和环境效应最大化。城市容积率指标只反映该单位用地范围内的立体生态城市的容积率指标，通常占地 1~2 平方公里比较合适，因为这样的单位面积用于立体生态城市规划特别是市政交通规划比较经济和合理，交通半径控制在 500~700 米，而面积太大或太小的立体城市其相应的城市交通效率和人居环境就要稍差一些。二是城市平均容积率，它包括城市周边配置的土地，这个配置土地主要是指城市生活圈内的土地，这些土地是立体城市不可分割的组成部分，主要承载立体生态城市的生态景观和公共休闲设施，具备城市气候环境的调节功能（城市配置土地上几乎没有或很少有固定建筑）。城市平均容积率是立体生态城市占地面积加上城市生活圈的配置土地面积之和与城市总建筑面积之比。城市平均容积率比城市容积率低 50% 左右。城市平均容积率指标适合组团的大中城市的指标考核和统计，特别是新型城镇化建设中农村居民城镇化以后的考核和统计。这里我们也应该考虑到，在立体城市规划中，城市容积率指标相当严谨和准确，是一个城市规模的超大型的城市综合体，全部由高层建筑群共同组成，其规划指标是一个硬指标，调整的余地较少。而城市平均容积率指标包含了城市生活圈的土地配置，其配置土地的指标相对宽松和灵活，它将立体城市周边的林地和湿地景观等土地划入其中，这个土地配置的边界是可相对灵活的，大小也可适度调整，只要能满足城市功能和城市居民的生活需要就可以了。

3. 农村人口的转移和彻底的城镇化

当前，中央政府已经取消了农村居民与城市居民之间的二元户籍制度，农村居民与城市居民之间的户籍和身份鸿沟被消除，但这仅仅是政策上的第一步，未来农村居民的城镇化建设将与城市居民的城镇化建设同步进行。同时，由于目前农村建筑的容积率更低，土地浪费更大，他们的立体生态城市面积和规模的浓缩效应将更为显著。此外，随着全球人口的不断增长及土地的日益紧缺，农村居民城镇化建设也是一个全球性的发展趋势，农村居民最后将全部转变为城市居民，农村居民将作为一个阶层或一个集体彻底解体和消失。所有的农村居民也都将搬入城市之中，转变为城市居民并与城市居民一起生活，农村绝大部分村落和建筑也将在今后的城市城镇化建设浪潮中被淹没和拆除，农村居民将面临被彻底城镇化的趋势。

农村居民的彻底城镇化是在城市城镇化基础上的城镇化。没有城市的城镇化，农村城镇化是难以实现的。应该说，农民阶层的彻底城镇化对整个国家的影响是非常大的，涉及面也非常广。因此，国家应该从政策层面充分认识到农村城镇化的最终发展趋势和结果，并从顶层视角出发设计具体政策，以避免农村重复性建设而影响未来城镇化的步伐，同时也可避免百姓财力的浪费和农村生态环境的破坏。

事实上，未来的立体城市建设也将促进大部分农村地区的村镇土地转变成城市生活圈、物质循环圈或自然环境圈中的配置土地，或许有一小部分土地能成为立体城市的建设用地。此外，还有相当多的村镇土地通过人们的长期保护和修复，回归到原始状态。

未来的立体生态城市建设将使大量的城市和农村土地从传统和现代建筑中彻底解放出来，重新回归到大自然的怀抱，以达到恢复和修复自然环境的目的。同时，对于未来的人类来说，土地将不再稀缺和紧张，政府的土地财政政策也必须彻底改革，回归到本来的政府职能之中。

二、立体生态城市建制及规划思路

任何国家和地区都有相应的行政建制，任何城市也都需要相应的城市建制，立体城市也不例外。

（一）立体城市建制

1. 三级城市建制

在我国，未来的立体生态城市规划建设大致分为三个建制较为妥当。其中，一级城市主要是指目前人口超过 1000 万人的直辖市和大部分人口超过 500 万人的大城市，城市容积率 4.0~5.0，每平方公里居住人口 7 万~10 万人，城市规划面积在 200~1000 平方公里（含城市生活圈的配置土地面积，以下相同）。建成后一级立体城市的人口规模超过 1000 万人，直辖市的人口可能达 3000 万~5000 万人。

2. 中心城镇

中心城镇是三级城市建制以外的立体城市建制，主要适合地广人稀的地区或一些产业发展需要的地区，人口规模在 10 万~50 万人，城市容积率 3.0~4.0，每平方公里居住人口 5 万~7 万人，城市规划面积 5~20 平方公里。中心城镇设个商业中心和一个行政中心，商业中心的地标性建筑高度可比周围建筑高出 50~100 米。人口低于 10 万的中心城镇基本上不需要规划组团。

中心城镇是规模最小的立体城市，是三级城市建制编外的补充编制。未来，随着国家城镇化建设步伐的加快，人口规模小于 5 万人的城镇和村落应该就近合并到附近的城市或大的中心城镇之中，以前的自然村落和一些偏远落后、交通不便的村落也应该搬迁合并到就近的城市或中心城镇之中。大量的农村土地将从这些农村居民的房屋建筑中解放出来，用于土地还原修复和生态环保建设。特别是我国西部地区，地广人稀，生态环境比较恶劣，这些居民应尽快搬离，迁到适合居住和生活的城市之中，他们的城镇化建设和搬迁合并需要尤为迫切。

在这里必须强调，中心城镇的规划建设与立体生态城市的规划建设模式是一致的。立体生态城市并没有城市和农村的地域差别和歧视，农村居民和偏远地区的居民也应该享受与城市居民同等的生活和居住的权利。因此，中心城镇的规划建设也应该与其他三个建制的城市规划建设同步。

（二）跃层式建筑模式对未来立体生态城市规划建设的影响

1. 平层户型与城市摊大饼的原因

在现代建筑中，平层户型占据了绝大多数，但这种建筑户型面积小，空间狭窄和呆板，所有房间都在一个平面中解决，因而能居住的人口相对较少，只适合小家庭居住，这使得传统大家庭很难找到适合集居的房子，不得不分散居住，造成现代家庭结构严重的破碎化问题。一个家庭被这种建筑户型拆分得四分五裂，人们不得不分散居住，一家分成两家、三家，甚至更多家，房子变成两套、三套甚至更多套。许多人手上持有多套住房，建筑不是作为居住的用途，而是异化成为投资保值的对象和理财工具。许多新城和老城由于长期无人居住的房子太多而成为死城和空城，由建筑空间造成的能源、资源和土地浪费现象在全国甚至全世界都非常普遍，城市建设规模被这种平面户型模式和人为的投资理财泡沫干扰而盲目扩大。这种现象更进一步加剧了城市摊大饼式扩张，使城市更容易变成空城、死城，并加重城市荒漠化的程度，大城市病也日益严重。

因此，以平层户型为代表的现代建筑模式是造成目前家庭破碎化和家庭分散居住及建筑空间浪费的主要原因，也是导致城市摊大饼式扩张和城市空心化现象日益严重的主要原因。另外，城市规划建设平面化，没有充分利用城市上空的立体三维空间和建筑技术的局限性，也造成了城市普遍的摊大饼现象，在房地产和建筑市场内需及经济动力的推动下，城市规划建设除了摊大饼或建卫星城市以外就没有第三条道路可以选择。而卫星城市建设不过是在大饼旁边又摊了一个小饼而已，其摊大饼的本质仍然没有改变。

2. 跃层式户型与家庭关系

为了改变城市建设中的摊大饼式扩张模式，在未来立体生态城市规划建设中，除了充分利用和拓展城市空间立体规划建设以外，将平层户型转变成跃层户型同样也是重中之重，绿色建筑的跃层式户型将作为最主要的人居户型列入未来城市的规划建设之中。

绿色建筑的跃层式户型适合两代、三代，甚至四代或更多的家庭成员一起同堂居住，由于上下层空间分层，动静分区，南北有别，内部空间有楼梯相互连通，上下层都有跃层

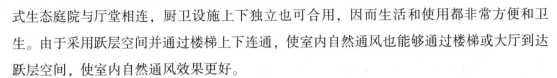

式生态庭院与厅堂相连，厨卫设施上下独立也可合用，因而生活和使用都非常方便和卫生。由于采用跃层空间并通过楼梯上下连通，使室内自然通风也能够通过楼梯或大厅到达跃层空间，使室内自然通风效果更好。

而各家庭成员之间的居住空间相互连接又互不干扰，室外庭院与中庭连成一片，每个房间都与花园连接，每扇窗户都有美丽的绿色景观可以观赏。因此，在未来跃层式户型的绿色建筑中，小家庭可以合并成大家庭，大家庭的跃层居住模式将成为主流和主要的户型种类，平层式户型和小户型将渐渐减少，家庭成员的居住将更加集中，建筑空间利用率将大大提高，能源和资源的利用将更加合理和有效，建筑住房空间的浪费现象也会得到有力遏制，城市面积和规模也将进一步缩小，而城市的人气和活力将会大大增强，家庭和社会关系也会更加和谐和稳定。

跃层式住宅能使父母与子女、长辈与晚辈之间的距离更近，亲情关系更加紧密，而跃层户型又能够保障家庭成员之间各自的独立空间。跃层式居住和庭院空间也能使得邻里之间的关系更加紧密，特别是相互连接部分的庭院虽然通过剪力墙的门洞、篱笆、栅栏等形式划分，但这种分界方式既能够保障各自庭院的私密性和独立性，又便于邻里之间相互沟通和交流。而大家庭居住模式对家庭和整个社会道德的提升和稳定能起到较大的作用，也对自然资源（包括能源的集约化利用）产生非常重要的影响。

（三）绿色建筑与地方乡土建筑文化艺术的结合

每个民族、每个地域、每个历史时期都有不同的建筑文化艺术产生，这些建筑文化艺术代表了不同民族、不同文化的乡土气息和历史特色。它们在建筑中的表现也是千差万别、风格迥异，这些乡土建筑艺术是人类历史长河中的文化瑰宝，需要建筑师继承和发扬。如何在未来的绿色建筑中表现乡土建筑文化特色，这仍需要未来建筑师的共同努力。虽然人们经常批判现代建筑简陋、呆板、雷同等缺点，但传统建筑又何尝不是？现在很多人否定现代建筑而赞美传统建筑，是因为传统建筑被现代建筑清除和取代了，传统建筑成为很少能见到的稀罕之物，从而激发了人们的好奇心和复古思想，产生保护意识，而不是传统建筑技术或理论一定比现代建筑先进和进步。更何况传统的建筑规划明显不符合当前的人口规模，在这样的背景下继承和发扬地方乡土建筑文化艺术，不仅难度极大而且还很不现实。

绝大部分传统建筑和现代建筑是可以舍弃的，但传统和现代建筑艺术和技艺是不能抛弃的，如何在未来绿色建筑中继承和发扬传统建筑艺术和技艺并产生更多、更好的创意才是人们应该考虑的重点，下面就两者的结合做简单论述。

一是绿色建筑的垂直外表。绿色建筑的主体结构与现代建筑几乎没有什么区别，如果去掉绿色植物和生态庭院结构，就跟现代建筑并无二致。绿色建筑最大的特色是满世界生命的绿色，赋予建筑真正的生命色彩，让人心旷神怡、目不暇接。而生态庭院构造则可能被满眼的绿色所弱化，但庭院的构造及建筑门窗或墙面相互组合产生的韵律之美是不可忽视的。同时，墙面和门窗的建筑艺术表现能力可能被生态庭院和绿色植物遮挡而大大弱化，地面观赏的角度和视线受到很大限制，但这并不表示未来的绿色建筑就没有乡土建筑艺术的表现场所了，而透过庭院和植物遮挡后所表现出来的建筑艺术之美可能更加富有感染力，就像深山古刹中的寺庙建筑在古木参天的丛林中若隐若现一样引人入胜。比如在一些多层或低层建筑的屋顶墙面等，适度结合一些民族建筑或仿古建筑的艺术处理也未尝不可，同样也能营造出一种乡土建筑文化的氛围和场景。

二是绿色建筑的内部。居民可以在居室内按照自己的意愿和想法布置各具地方民族特色和乡土气息的家具、饰物和装饰品等，以营造乡土文化和地方特色，让人眼前一亮。

三是建筑或小区的出入口。这些地方也是表现地方乡土建筑文化艺术的最佳场所，可以摆放门楣、石坊、石牌、人或动物的雕像或塑像等。在小区内部的地面或公共绿地、公共配套服务设施及屋顶等部位，也可以建造亭台楼阁、水榭莲池等地方园艺特色景观。一些人文历史和文物景观、景物等，在不破坏和损害其人文和历史价值的前提下也可以移景或进行复制造景，以丰富绿色建筑内部的社区景观和城市景观。

第二节 绿色建筑基础与发展趋势

一、绿色建筑发展相关理论

绿色建筑的概念起源于 20 世纪 80 年代，能源的节约、适应气候的建筑、再生利用材料资源、尊重用户、尊重环境、整体设计观念。

到现在为止，绿色建筑的含义在国际上也并未通用，专家学者对此有其不同的理解与解释，比如，绿色建筑的发展一定是以对自然生态环境有益，与生态环境相融合的形式发展的建筑产业，一方面强调对绿色建材的使用，另一方面强调对绿色环境的优化，即绿色建筑从发展伊始就必须致力于对自然系统的修复与融洽相处的设计，是一种积极的建筑发展行为。但是大部分专家学者主要还是从建筑物的生命周期来定义。

绿色建筑为建设与自然和谐共生、保护环境、节约资源，减少污染，提高建筑物使用空间，高效使用建筑物。相关部门的工作人员解释说，一般的住宅或者公寓，只要在相应的指标上有所提高，主要包括在施工上节能，注意对环境的影响以及对建筑材料循环利用等，基本都可以达到绿色建筑的标准。

（一）可持续发展理论

最初由生态学提出可持续发展的概念。生态持续性，强调平衡自然资源与开发利用。目前关于可持续发展的理论国内外众说纷纭，其观点的内核相似，但在具体的表述与阐释上存在一定的区别。可持续发展是人类全面发展的基本着力点，然而当下人类却以牺牲环境为代价，即实行消耗式发展策略，对生态环境造成了巨大的伤害，非可持续性发展的方式最终将会伤害全人类的利益，可持续性发展理论才是人类利益维护者。第一，环境保护论。该观点主要认为可持续发展本质上是资源的可持续利用，即生态系统的永久发展，环境保护理论主要强调的是环境保护的重要性。第二，三位一体理论。三位一体理论是指的经济、社会、自然生态的全面、协调、统一的发展理论。第三，经济核心论，经济核心论目前越来越遭到生态学专家的批评，但是在实际的发展过程中，该理论却是被应用最多的理论，经济核心论认为经济发展是可持续发展的核心理论，可持续发展应当服务于经济发展，可持续发展的目的在于追求经济发展的利益最大化。

（二）循环经济理论

循环经济本质上是一种生态经济，其发展不仅仅是依靠着经济学基础，而是更多地考虑到生态学规律。简言之，循环经济的发展理论就是将经济发展基础奠定在生态系统稳定，生态环境较好或更好，以经济系统修复生态系统，生态系统支持经济系统发展为基础，支持经济子系统、社会子系统、环境子系统的发展系统。

循环经济是与传统经济发展模式不同的经济模式，但最大的区别在于，传统经济强调"资源—产品—污染排放"的单向流动的线性经济，其主要强调经济发展给社会生活带来的巨大便利与福利，而完全忽略人类社会发展给原本稳定、可持续的自然环境发展所带来的巨大破坏，在传统经济发展的过程中，人类大量地掠取自然界一切能够为其所用的自然资源，将污染的、废弃的大量工业、生活污染排放到水系、空气和土壤中而造成生态环境的破坏。循环经济则刚好相反，认为应该将经济活动组织成一个反馈式流程，具体包含"资源—产品—再生资源"，更加注重能源的多次利用与回收再用，如此大大降低了对自然资源的消耗的同时，也能够满足人类社会经济发展更多的能源需求，使得人类的经济发展对环境的影响降到最低水平，解决了长久以来人类与环境发展的矛盾。

（三）生态经济理论

绿色建筑的发展是生态经济的延展，生态经济是将人类的生存环境与自然生态环境相协调，绿色建筑从某种意义上而言，是现代人类生活方式与自然界的最佳和谐模式。

生态经济被认为是一个比较边缘的学科，其一方面延伸了生态学的研究范围，另一方面是经济学发展的创新，生态经济学的发展要求遵循合作原则，生态经济的发展是经济社会发展与生态社会发展的合作共进，二者其实并不矛盾，早期部分经济学家认为，经济的发展如果更多地考虑到社会生态，那么将会增加经济发展的成本，降低经济发展的效率，这样的疑问在现在的中国比比皆是，很多企业主在发展的过程中也有这样的疑虑，而在绿色建筑的发展与推广中尤其如此。但实际上，生态经济的发展就是致力于解决生态发展与经济发展的矛盾，促进二者协调统一、共同进步发展的重要学科。

二、绿色建筑发展的对策及建议

（一）政策层面的对策与建议

1. 合理规划布局

从国家层面出台绿色建筑发展规划和相关政策，制定科学合理的顶层设计，提出合理的目标和科学可行的方向。

2. 加强政策引导

房地产产业飞速发展，其产业链条变大，同时刺激下游产业发展，其中建筑用钢、建筑水泥分别占全社会钢材、水泥总消耗（消费）的 50% 以上。在我国发展绿色建筑将驱动节能服务、新型能源、建材等各领域的发展，届时将形成超大规模的绿色市场。上述充分说明发展绿色建筑不仅是人类社会与自然社会寻求和谐发展的出路，更是促进建筑产业健康发展的重要举措。绿色建筑发展政策的实施可以促进绿色建筑市场不断扩张同时刺激企业进一步探索绿色建筑技术，这对于绿色建筑技术的发展、住宅的产业化是一个良好契机。中央和地方政府在绿色建筑发展中必须对绿色建筑运行监测进行规范化、科学化、标准化改革，今后绿色建筑必将更加注重效果和质量。对于建筑和耗能系统性能效果以及室内舒适度水平的检测必将从严要求，因此对绿色建筑技术及规范要尽快明确和出台，而对从事绿色建筑检测单位的要求也会提到一个新的高度要求。

（二）组织层面的对策与建议

1. 优化宣传推广策略

政府要发挥引导宣传作用。政府是公信力最强的单位，任何新事物的推广如果有政府的支持与宣传，将会获得事半功倍的效果，于是在绿色建筑宣传推广的过程中政府的作用非常突出。政府对绿色建筑推广与宣传一方面是通过政策的引导完善进行的，政府出台符合绿色建筑发展本身的政策措施，以政策鼓励的形式推动绿色建筑的发展，能够吸引企业、组织对绿色建筑的发展兴趣，更增强其发展信心。

企业要积极参与到绿色建筑推广与发展的宣传当中。尽管当前已经从政策层面鼓励、驱动绿色建筑，然而遗憾的是，绝大多数地产商并未真正领略绿色建筑的内涵，仅将其视为营销概念，并未将该标准贯彻于实际开发各环节中。受制于开发成本等因素，当前包括商品住宅项目在内的各类绿色建筑项目，主要以中高端市场定位为主，现阶段"绿色住宅"总体为改善需求类产品，尚未形成刚需，与购房者的实际要求还存在差距。在当前绿色建筑产业的发展中，部分的企业仍停留在住宅开发销售宣传方面的现象并不少见，对于住宅来说，由于住宅开发销售结束后，开发商就基本不对其负责，改善情况不容乐观。因此，同时考虑开发商和物业管理团队，按照开发商施工结束后对绿色建筑的投资部分进行奖励。

2. 建筑信息化助推绿色建筑

国民经济保持良好的发展势头，加之不断推进发展的城市化发展，在此背景下，建筑业如沐春风地快速发展。当下建筑业的发展核心在于践行低碳模式，未来建筑业将朝着以信息化为技术支撑的绿色建筑发展。作为支柱性产业，建筑业在国民经济发展中扮演着日益重要的角色。同时作为传统产业，亟须引入高新技术。总之发展绿色建筑任重而道远，未来仍面临诸多未知数。建筑行业应有机协调自然资源、建筑以及环境，充分发挥科技手段的作用。从建筑业本身发展来看，其关键在于把握产业走向，掌握前沿技术，只有这样才能真正助推绿色建筑发展。绿色建筑的发展离不开各类行之有效的配套措施、政策，更要贯彻实施相关政策。绿色建筑关乎每一个"普通人"利益，属于民生问题，不可浅尝辄止、停留于"绿化建筑"或者过分拘泥于"概念建筑"，应明确绿色建筑包含各类问题，比如消除噪声、夏季防热、冬季保温等等。

"绿色建筑"强调其能效性、集约性、生态性，应将"治本之策"贯穿于顶层设计，做好防治污染相关工作，同时充分发挥高新技术、信息化的优势，促进基础建设行业之发展。实践证明信息技术具有丰富的内涵、支撑点，比如云计算、物联网、BIM 等等，其关键在于精细化项目管理、集约化企业经营，强调建筑过程的低排放、高效、低碳化，遵循可持续发展的基本理念。结合城市科学的发展观，实现协同化、互联网、智慧化建筑。总之应全面将"绿色"引至各个环节之中，控制能耗，将"低排放、高效、低碳"的基本理念渗透到每一座建筑物之中，创设可持续发展的生活环境，打造绿色建筑，建筑业在未来的发展中应基于信息化深刻贯彻国家两化融合整体之战略，推进产业发展。这将是整个建筑行新的发展航向，其必将拥有广阔的发展空间。对于施工企业而言，"高能耗建筑施工"无疑是最大的发展瓶颈，因而解决该问题一定可惠及整个产业及其从业者，让全社会都能从中受益。积极推广绿色产业，以信息化为"芯"必能如虎添翼，屡创佳绩。

三、企业层面的对策与建议

（一）研发绿色建筑技术

建筑业是吸收就业人口的重要行业，对全球年 GDP 增长率的贡献约 10%，但是与此同时，其造成的自然资源消耗、环境气候恶化、废弃物排放、光污染、噪声污染尤为严重，而这些污染往往在建筑建设施工过程中最为明显，故此积极发展绿色施工技术尤其重要。绿色建筑规划的重要性不言而喻，从建筑，从生态环境、交通、水资源、信息化等方面树立了目标，这是生态城前期的规划。还有控制详细规划，如果没有大的原则引导完整的规划，就没有办法改变之前大的原则和方向，以及后面专项规划。现在常规的可能是市政规划和交通规划比较齐全，相对来说能源规划和水的规划、绿色建筑的规划是比较稀缺的，总体规划必须包含绿色生态的理念，控制性规划就是要把规划指标落到每一个单元，落到每一个街区，落到大的区块里面，这是专项规划，绿色建筑、市政和能源，以及交通各方面都要有专项规划，要把细化的目标落到具体的规划或项目中，甚至是落到土地控制指标中。因为前面除了规划以外，后面这个项目怎么有序推动以及如何监管，这是非常重要的，如果没有这样过程的监管，很多后面项目都可能没有纳入控制性指标，很多引导性指标没有被遵守，根本无法执行规划，所以需要政府各个部门，如建设部、交通、水务、环境协调合作。节约、环保、好用等都是设计绿色的关键之所在。

（二）强化施工过程节能环保

绿色建筑节能应具体体现在使用节能、节能管理，而这就要引入科学的方式，真正践行绿色施工，这主要通过以下几种方式表现：首先，绿色建筑不仅仅是自身的绿色，还要将对周围的环境的不良影响降到最低，如空气质量、水源质量；其次，在建筑材料的使用中，应尽可能选择那些可循环、重复利用的材料，合理利用废料、边角料，准确计算材料用量，减少浪费，同时还要保证所选材料的功效足以满足施工过程中的需要；最后，注重施工场地周边的人文环境，在施工中应合理保护当地历史文物、建筑物，尊重当地风俗习惯，切忌以牺牲人文环境，换取所谓的经济效益。绿色施工管理是社会发展的客观需要，它符合建筑行业的发展规律，是实现可持续发展的前提条件。基于此，广大施工单位应秉承绿色施工管理的基本理念，从各个环节入手，比如合理选择施工材料、优化施工技术，基于"绿色"建筑的理念，合理设定施工方案，优化管理水平。

第三节　绿色建筑节材技术

一、绿色建筑材料

（一）绿色建筑材料概述

绿色建材，指健康型、环保型、安全型的建筑材料，在国际上也称为"健康建材"或"环保建材"。绿色建材不是指单独的建材产品，而是对建材"健康、环保、安全"品性的评价。它注重建材对人体健康和环保所造成的影响及安全防火性能。绿色建材是采用清洁的生产技术，使用工业或城市固态废弃物生产的建筑材料，它具有消磁、消声、调光、调温、隔热、防火、抗静电的性能，并具有调节人体机能的功效。

绿色建材是材料科学领域的概念，绿色建材属于生态环境材料，其定义与生态环境材料的定义相同。对生态环境材料的定义，虽有不同的看法，但在主要方面取得了共识，例如，"生态环境材料是具有满意的使用性能和优良的环境协调性的材料。所谓优良的环境协调性是指在原料的采取制备、产品的生产制造、服役使用、废弃后的处置和循环再生利用的全过程中对资源和能源消耗少，对生态和环境污染小，循环再生利用率高"。由于对使用性能的要求与传统材料并无二致，生态环境材料定义区别于传统材料的主要是其环境协调性。

作为绿色建材的发展战略，应从原料采集、产品的制造、应用过程和使用后的再生循环利用四个方面进行全面系统的考察。众所周知，环境问题已成为人类发展必须面对的严峻课题。人类不断开采地球上的资源后，地球上的资源必然越来越少，为了人类文明的延续，也为了地球生物的生存，人类必须改变观念，改变对待自然的态度，由一味地向自然索取转变为珍惜资源、爱护环境、与自然和谐相处。人类在积极地寻找新资源的同时，目前最紧迫的应是考虑合理配置地球上的现有资源和再生循环利用问题，使既能满足当代社会需求又不致危害未来社会的发展，做到发展与环境的统一、眼前与长远的结合。

绿色建材是生态环境材料在建筑材料领域的延伸，从广义上讲，绿色建材不是一种单独的建材产品，而是对建材"健康、环保、安全"等属性的一种要求，在原料加工、生产、施工、使用及废弃物处理等环节贯彻环保意识并实施环保技术，保证社会经济的可持续发展。

在现阶段，绿色建材应包括以下几种含义：

第一，以相对最低的资源和能源消耗、环境污染为代价生产的高性能传统建筑材料，如用现代先进工艺和技术生产的高质量水泥。

第二，能大幅度地减少建筑能耗（包括生产和使用过程中的能耗）的建材制品，如具有轻质、高强、防水、保温、隔热、隔声等功能的新型墙体材料。

第三，具有更高的使用效率和优异的材料性能，从而能降低材料的消耗，如高性能水泥混凝土、轻质高强混凝土。

第四，具有改善居室生态环境和保健功能的建筑材料，如抗菌、除臭、调温、调湿、屏蔽有害射线的多功能玻璃、陶瓷、涂料。

第五，能大量利用工业废弃物的建筑材料，如净化污水、固化有毒有害工业废渣的水泥材料，或经资源化和高性能化后的矿渣、粉煤灰、硅灰、沸石等水泥组分材料。

从广义上讲，绿色建材不是单独的建材品种，而是对建材"健康、环保、安全"属性的评价，包括对生产原料、生产过程、施工过程、使用过程和废弃物处置五大环节的分项评价和综合评价。绿色建材代表了 21 世纪建筑材料的发展方向，是符合世界发展趋势和人类要求的建筑材料，必然在未来的建材行业中占主导地位，成为今后建筑材料发展的必然趋势。

（二）绿色建材的特点与分类

绿色建材是相对于传统建材而言的一类新型建筑材料，它不仅指新型环境协调型材料，也应包括经环境协调化后的传统材料（包括结构材料和功能材料）。其区别于传统建材的基本特征可以归纳为以下五方面：

第一，生产所用原料尽可能少用天然资源，大量使用尾矿、废渣、垃圾、废液等废弃物。

第二，采用低能耗制造工艺和对环境无污染的生产技术。

第三，在产品配制或生产过程中，不得使用对人体和环境有害的污染物质，如甲醛、卤化物溶剂或芳香族碳氢化合物；产品中不得含有汞及其化合物；不得用铅、镉、铬等金属及其化合物的颜料和添加剂。

第四，产品的设计是以改善生产环境、提高生活质量为宗旨，即产品不仅不损害人体健康，而且应有益于人体健康。产品具有多种功能，如抗菌、灭菌、防霉、除臭、隔热、阻燃、防火、调温、调湿、消磁、防射线和抗静电等。

第五，产品可循环或回收再利用，无污染环境的废弃物。

根据绿色建材的特点，可将产品大致分为五类：节省能源和资源型、环保利废型、特殊环境型、安全舒适型和保健功能型。其中后两种类型与家居装修关系尤为密切。

所谓安全舒适型产品，是指具有轻质、高强、防火、防水、保温、隔热、隔声、调温、调光、无毒和无害等性能的建材产品。这类产品纠正了传统建材仅重视建筑结构和装饰性能，而忽视安全舒适功能的倾向，因而此类建材通常适用于室内装饰装修。

所谓保健功能型产品，是指具有保护和促进人类健康功能的建材产品，如具有消毒、防臭、灭菌、防霉、抗静电、防辐射、吸附二氧化碳等对人体有害的气体等功能的建材产品。这类产品是室内装饰装修材料中的新秀，也是值得今后大力开发、生产和推广使用的新型建材产品。

在家居装修中，居室环境质量最重要的两个方面就是居室空气环境质量和噪声指标，尤其是居室空气环境质量，直接关系到人们的身体健康和生命安全。

如今，因家居装修中使用未获认证的溶剂型塑料和建筑黏合剂导致室内居民出现咳嗽、胸闷等呼吸道刺激症状和敏感性体质人的脑电图改变，甚至引起死亡；因使用石棉制品而致癌；因使用含有超过限量的放射性物质，如放射性为 B 类的天然石材产品，某些含铀等放射性元素高的花岗石装饰板。

二、建筑节材技术

（一）有利于建筑节材的新材料、新技术

1. 采用高强建筑钢筋

我国城镇建筑主要是采用钢筋混凝土建造的，钢筋用量很大。一般来说，在相同承载力下，强度越高的钢筋，其在钢筋混凝土中的配筋率越小。相比于 HRB335 钢筋，以 HRB400 为代表的钢筋具有强度高、韧性好和焊接性能优良等特点，应用于建筑结构中具

有明显的技术经济性能优势。

我国建筑钢筋的主流长期以来一直是 HRB335 钢筋，高强钢筋用量在建设行业钢筋总体用量中所占比例仍然很低，例如，每年 HRB400 钢筋用量不到钢筋总用量的 10%。我国还没有在建筑业中大量应用高强钢筋，特别是还没有在高层建筑、大跨度桥梁和桥墩上广泛使用，其主要有下述原因：钢材市场中 HRB400 等高强钢筋供应量不足，满足不了建筑工地配送使用条件；HRB400 等高强钢筋使用了微合金技术，使得目前其成本较 HRB335 钢筋高，利润空间较低，大多数钢厂不愿生产高强钢筋，由此导致的产量低进一步加剧了高强钢筋的高价格。

2. 采用强度更高的水泥及混凝土

混凝土主要是用来承受荷载的，其强度越高，同样截面积承受的重量就越大；反过来说，承受相同的重量，强度越高的混凝土，它的横截面积就可以做得越小，即混凝土柱、梁等建筑构件可以做得越细。所以，建筑工程中采用强度高的混凝土可以节省混凝土材料。由于水泥产品高强度等级的少，低强度等级的多，结构不合理，每年都造成大量的水泥浪费。其实我国目前新型干法水泥生产线完全能满足生产高强度等级水泥的要求，造成上述状况的重要原因之一是建筑结构设计标准中仍习惯采用低强度等级混凝土（主要以低强度等级水泥配制）的肥梁胖柱，使我国对高强度等级水泥的需求量不高。所以，水泥产品结构的改善涉及建筑结构设计工作的改革，要从建筑结构设计标准和使用部门着手，改善水泥产品的需求结构。

3. 采用商品混凝土和商品砂浆

商品混凝土是指由水泥、砂石、水以及根据需要掺入的外加剂和掺合料等组分按一定比例在集中搅拌站（厂）经计量、拌制后，采用专用运输车，在规定时间内，以商品形式出售，并运送到使用地点的混凝土拌和物。商品混凝土也称预拌混凝土。早在 20 世纪 80 年代初，发达国家商品混凝土的应用量已经达到混凝土总量的 60%~80%。我国商品混凝土整体应用比例的低下，也导致大量自然资源浪费：因为相比于商品混凝土的生产方式，现场搅拌混凝土要多损耗水泥 10%~15%，多消耗砂石 5%~7%。商品混凝土的性能稳定性也比现场搅拌好得多，这对于保证混凝土工程的质量十分重要。

商品砂浆是指由专业生产厂生产的砂浆拌和物。商品砂浆也称为预拌砂浆，包括湿拌砂浆和干混砂浆两大类。湿拌砂浆是指水泥、砂、保水增稠材料、外加剂和水以及根据需要掺入的矿物掺合料等组分按一定比例在搅拌站经计量、拌制后，采用搅拌运输车运至使用地点，放入专用容器储存，并在规定时间内使用完毕的砂浆拌和物。干混砂浆是指经干燥筛分处理的砂与水泥、保水增稠材料以及根据需要掺入的外加剂、矿物掺合料等组分按一定比例在专业生产厂混合而成的固态混合物，在使用地点按规定比例加水或配套液体拌和使用。

4. 采用专业化加工配送的商品钢筋

专业化加工配送的商品钢筋是指在工厂中把盘条或直条钢线材用专业机械设备制成钢筋网、钢筋笼等钢筋成品，直接销售到建筑工地，从而实现建筑钢筋加工的工厂化、标准化及建筑钢筋加工配送的商品化和专业化。由于能同时为多个工地配送商品钢筋，钢筋可进行综合套裁，废料率约为2%，而工地现场加工的钢筋废料率约为10%。

在现代建筑工程中，钢筋混凝土结构得到了非常广泛的应用，钢筋作为一种特殊的建筑材料起着极其重要的作用。建筑用钢筋规格形状复杂，钢厂生产的钢筋原料往往不能直接在工程上使用，一般要根据建筑设计图纸的要求经过一定工艺过程的加工。现行混凝土结构建筑工程施工主要分为混凝土、钢筋和模板三个部分。商品混凝土配送和专业模板技术近几年发展很快，而钢筋加工部分发展很慢，钢筋加工生产远落后于另外两个部分。我国建筑用钢筋长期以来依靠人力进行加工，随着一些国产简单加工设备的出现，钢筋加工才变为半机械化加工方式，加工地点主要在施工工地。这种施工工地现场加工的传统方式，不仅劳动强度大，加工质量和进度难以保证，而且材料浪费严重，往往是大材小用、长材短用，加工成本高，安全隐患多，占地多，噪声大。所以，提高建筑用钢筋的工厂化加工程度，实现钢筋的商品化专业配送，是建筑行业的一个必然发展方向。

（二）建筑工业化程度

建筑工业化发展模式的好处之一就是节约材料。建筑工业化生产与传统施工相比较，减少许多建材浪费，同时可减少施工的粉尘、噪声污染。

以预制混凝土构配件为典型模式的建筑工业化是发达国家现代建筑业发展的先进经验。当前，我国混凝土行业在产品结构上发展很不平衡，突出表现为预制混凝土与现浇混凝土的比例很不合理。20世纪80年代末，我国预制混凝土产量与现浇混凝土产量之比为1:1。

近年来，我国推广大开间灵活隔断居住建筑，若在结构设计上采用预制混凝土构件如大跨度预应力空心板，则可降低楼盖高度、减轻自重、降低结构造价、节约材料，经济效益十分显著。借鉴国际成熟经验，推进建筑工业化，不失为治本之策。推广工业化结构体系和通用部品体系，提高建筑物的工厂预制程度，基本实现施工现场的作业组装装配，能使建筑物寿命在"工厂预制"环节得到保证，并大幅度提高生产效率，还可节约可观的能源和材料。根据发达国家的经验，建筑工业化的一般节材率可达 20% 左右，节水率达 60% 以上，如果与国际先进水准看齐，比照当前我国住宅建造和物耗水平，至少还有节能 30%~50%、节水 15%~20% 的潜力。

（三）清水混凝土技术

清水混凝土极具装饰效果，所以又称装饰混凝土。它浇筑的是高质量的混凝土，而且在拆除浇筑模板后，不再进行任何外部抹灰等工程。它不同于普通混凝土，表面非常光滑，棱角分明，无任何外墙装饰，只是在表面涂一层或两层透明的保护剂，显得十分天然、庄重。采用清水混凝土作为装饰面，不仅美观大方，而且节省了附加装饰所需的大量材料，堪称建筑节材技术的典范。

清水混凝土也可预制成外挂板，而且可以制成彩色饰面。清水混凝土外挂板采用埋件与主体栓接或焊接，安装方式较为简单，方便快捷。清水混凝土外挂板或彩色混凝土外挂板将建筑物的外墙板预制装饰完美地结合在一起，使大量的高空作业移至工厂完成，能充分利用工业化和机械化的优势。

（四）建筑装修节材

我国普遍存在的商品房二次装修浪费了大量材料，有很多弊端。为此，应该大力发展一次装修到位。

商品房装修一次到位是指房屋交钥匙前，所有功能空间的固定面全部铺装或粉刷完成，厨房和卫生间的基本设备全部安装完成，也称全装修住宅。

一次性装修到位不仅有助于节约，而且可减少污染和重复装修带来的扰邻纠纷，更重要的是有助于保持房屋寿命。一次性整体装修可选择菜单模式（也称模块化设计模式），由房地产开发商、装修公司、购房者商议，根据不同户型推出几种装修菜单供住户选择。考虑到住户个性需求，一些可以展示个性的地方，如厅的吊顶、影视墙等可以空着，由住户发挥。从国外以及国内部分商品房项目的实践看来，模块化设计是发展方向——业主只须从模块中选出中意的客厅、餐厅、卧室、厨房等模块，设计师即刻就能进行自由组合，然后综合色彩、材质、软装饰等环节，统一整体风格，降低设计成本。

家庭装修以木工、油漆工为主，可将木工、油漆工的大部分项目在工厂做好，运到现场完成安装组合，这种做法称为家庭装修工厂化。

传统的家装模式分为以下两种：

第一种，根据事先设计好的方案连同所需家具一同在现场进行施工，这样使家具与居室内其他细木工制品（如门套、暖气罩、踢脚等）配色成套，但这种手工操作的方式避免不了噪声、污染以及各种因质量和工期问题给消费者带来的烦恼，刺耳的铁锤、电锯声，满室飞舞的尘埃和锯末，不仅影响施工现场的环境，关键是一些材料（如大芯板、多层板等）和各种油漆、黏结剂所散发出的刺鼻气味，直接影响消费者的身心健康，况且手工制作的木制品极易出现变形、油漆流迹、起鼓等质量问题。

第二种，很多消费者在经过简单的基础装修后，根据自己的感觉和设计师的建议到家具城购买家具，采用这种方式购买的家具通常不能令人十分满意，会出现颜色不匹配、款式不协调、尺寸不合适等一系列问题，使家具与整个空间装饰风格不能形成有机的统一，既破坏了装修的特点，又没起到家具应有的装饰作用。鉴于此，一些装饰公司通过不断探索与实践，推出了"家具、装修一体化"装修方式，很受欢迎。装饰公司把家装工程中所有的细木工制作（包括门、门套、木制窗、家具、暖气罩、踢脚等）全部搬到了工厂，用高档环保的密度纤维板代替低档复合板材，运用先进的热压处理，采用严格的淋漆打磨工艺，使生产出来的木制品和家具在光泽度、精确度、颜色、质量等方面达到了理想的效果。另外"一体化"生产在环保方面也可放心，用户在装修完毕后可以马上入住，避免了因装修过程中所遗留、散发的化学物质对人体造成的损害。在时间方面，现场开的同时，过工厂进行同期生产（木工制品），待现场的基础工程一完工，木制品就可以进入现场进行拼装，打破了传统的瓦工、木工、油漆工的施工顺序，大大节省了施工周期，为消费者装修节省了更多的时间和精力。此外，家庭装修工厂化基本上达到了无零头料，损耗率控制在2%以内，相比现场施工7%~8%的材料损耗率，降低了5~6个百分点，这样也能使装修费用降低10%以上。

三、废弃物利用与建筑节材

可以用于生产建筑材料的废弃物很多，主要有建筑垃圾、工业废渣、农业废弃物（如植物秸秆）等。

（一）建筑垃圾再生利用

建筑垃圾大多为固体废弃物，一般是在建设过程中或旧建筑物维修、拆除过程中产生的。

过去我国绝大部分建筑垃圾未经任何处理，便被施工单位运往郊外或乡村，露天堆放或填埋，造成以下不容忽视的后果。

1. 使生态环境恶化。例如，碱性的混凝土废渣使大片土壤失去活性，植物无法生长；

使地下水、地表水水质恶化，危害水生生物的生存和水资源的利用。

2. 建筑垃圾堆场占用了大量的土地甚至耕地。随着我国经济的发展、城市建设规模的扩大以及人居条件的改善，建筑垃圾的产生量将越来越大，如不及时有效处理和利用，建筑垃圾侵占土地的问题会变得愈加严重。

3. 影响市容和环境卫生。建筑垃圾堆场一般位于城郊，堆放的建筑垃圾不可避免地会导致粉尘、灰砂飞扬，不仅严重影响堆场附近居民的生活环境，粉尘、灰砂随风飘落到城区还将影响市容环境。

可见，大量的建筑垃圾若仅仅采取向堆场堆放的简单处置方法，则产生的危害直接威胁着人类生存环境和生态环境，在很大程度上制约着社会可持续发展战略的实施。为此，世界各国积极采取各种措施来解决建筑垃圾危害问题，努力实现建筑垃圾"减量化、无害化、资源化"。其中，资源化利用将是处理建筑垃圾的必要的有效途径。基于这一思想，世界各国都力求将建筑垃圾变为再生资源加以循环利用。一边是城市与日俱增的建筑垃圾无处安身，影响市容；另一边是黏土烧砖大量地破坏耕地，污染环境，而利用建筑垃圾造建材，可使其得到循环利用，同时解决了双重难题。

自 20 世纪 80 年代以来，我国建筑垃圾的排放量快速增长，其组成也发生了质的变化，可循环利用的组分比例不断提高。据统计，我国每年仅施工建设所产生和排出的建筑垃圾超过亿吨，全国建筑垃圾总排放量达数亿吨。而建筑垃圾未经任何处理，便被施工单位运往郊外或乡村露天堆放或简单填埋，将耗用大量土地和运输费用。

随着我国耕地和环境保护等有关法律、法规的颁布和实施，循环利用建筑垃圾已成为建筑施工企业和环保部门必须组织实施的项目。

（二）工农业废弃物与建筑材料

1. 粉煤灰

粉煤灰是火力发电厂排出的一种工业废渣。无论从节约能源、再利用资源，还是从保护地球环境来说，粉煤灰的再利用都是很迫切的。

粉煤灰是一种人工火山灰质材料。粉煤灰的化学组成主要是硅质和硅铝质材料，其中氧化硅、氧化铝及氧化铁等的总含量一般为 85% 左右，其他的如氧化钙、氧化镁和氧化硫的含量一般较低。粉煤灰的矿物组成主要是晶体矿物和玻璃体，在经历了高温分解、烧结、熔融及冷却等过程后，玻璃体结构在粉煤灰中占据了主要地位，晶体矿物则以石英、莫来石等为主。这种矿物组成使得粉煤灰具有独特的性质。就粉煤灰的颗粒特性来看，主要由玻璃微珠、多孔玻璃体及碳粒组成，其粒径为 0.001~0.1mm。

2. 矿渣

冶金工业产生的矿渣有很多种，如钢铁矿渣、铜矿渣、铅矿渣、锡矿渣等，其中钢铁矿渣排放量占绝大多数，故此处矿渣专指钢铁矿渣。矿渣是冶炼钢铁时，由铁矿石、焦炭、废钢及石灰石等造渣剂通过高温反应排出的副产品。矿渣在产生过程中经过了适宜的热处理、冷却固化、加工处理后，其化学成分、物理性质等都与天然资源相似，可应用于许多领域。钢铁矿渣因其潜在水硬性高、产量大、成本低等特点，可以用于多种建筑材料生产中。钢铁矿渣已经成为水泥生产中首选的混合材料，它还可以代替黏土、砂、石等材料生产砖、砌块以及矿棉、微晶玻璃等多种建筑材料。将矿渣用作建筑材料生产的原料，不仅避免了矿渣对环境的污染，而且节约了大量天然资源，符合循环经济发展要求。

3. 硅灰

硅灰又称微硅粉，是在冶炼硅铁和工业硅时，通过烟道排出的硅蒸汽氧化后，经收尘器收集得到的具有活性的、粉末状的二氧化硅（SiO_2）。硅灰含有 85%～95% 的玻璃态的活性 SiO_2，硅灰平均粒径为 0.1～0.15μm，为水泥平均粒径的几百分之一。比表面积为 15～27m²/g，具有极强的表面活性。硅灰主要应用于水泥或混凝土掺合料，以改善水泥或混凝土的性能，配制具有超高强（C70 以上）、耐磨、耐冲刷、耐腐蚀、抗渗透、抗冻的特种混凝土。由于采用硅灰配制的混凝土很容易达到高强度、高耐久性，所以使混凝土建筑构件承载断面得以减小，混凝土建筑的使用寿命得以延长，容易实现建筑节材的目的。

第四节　新时代绿色建筑设计的创新方法

一、绿色建筑设计的前期策划

在前期策划阶段，要充分考虑绿色建筑设计的人性化特点，在充分考虑用户要求的基础上完成绿色建筑设计方案。设计师要高度重视绿色建筑的节能和环保等特点，优化设计方案，并在制订出方案之后充分听取用户的建议和要求，结合用户的需求对设计方案进行调整与修改，使建筑设计的过程更加人性化，此外，要确保建筑项目设计经过广泛的论证，优化绿色建筑的设计方案，及时发现建筑设计中存在的问题，并积极采取有效的措施予以解决。

（一）建筑设计与前期策划咨询的联系

当今城市化发展成为经济发展的有力手段，同时也为建筑行业提供了更多的发展空间，而建筑业影响着社会多个行业，更是为群众提供了充足就业岗位。互相促进发展中也体现了很多问题，正因此国家从战略发展层面上提出可持续发展战略，引导绿建工程不断完善，这也是建筑设计顺应时代要求开展的必定后果。在这种大背景下，应运而生了前期策划咨询业，前期策划咨询一方面关系着工程的前期决策，另一方面也影响着工程的整体把握，还和后期工程实施所取得的社会效益及经济效益有极大的关系，由此可知，前期策划咨询的作用是不可忽视的。因而作为设计师，我们有必要深入了解前期策划咨询单位的报告意图，保证项目成果可预见地满足策划要求，节约工程整体所需资源消耗，实现整体可持续发展。

（二）前期策划咨询的内容与作用

1. 前期策划咨询的内容

前期策划咨询的内容主要包含三方面。

第一，投资项目拿地前的可行性研究报告，内容多为地块的初步研究、判断其综合价值的可行性研究报告、项目投资机会方面的研究、企业进驻计划及企业发展长远规划、投资决策等。

第二，投资项目拿地后的绿色建筑项目可行性研究报告，内容多为地块的深入研究，综合分析现有条件及发展计划后，得出初步的建筑设计方案价值研究报告，直接指导之后的设计大方向。

第三，资金管理前期咨询，专项研究项目资金流，IRR 等数值分析，对企业盈亏负重大责任。

2. 前期策划咨询的作用

（1）前期策划咨询的主要作用就是给开发企业或政府提供出有参考性的建设性意见，这将直接影响项目决策方向，咨询单位的业务水平对项目决策有着巨大的作用，强者推动项目高效完美完成，弱者则会构成重大缺陷，从而制约工程的发展。并且咨询时可以实时监控，随时发现不足、更正不足，合理综合统筹协调作用，使绿色建筑项目更加科学化。因此发展绿色建筑，前期工程咨询十分重要。

（2）绿色建筑设计必然会涉及大量资金，造价高低、成本管理是工程管理的重中之重，而前期策划咨询的结论也以资金盈亏为重要组成部分，在其研究过程中，前期策划咨询会有效地评估绿建项目的价值，并综合考虑周边变化，能相对准确地预估项目价值。资产评估师也可对项目预估回报、工程建设造价、前期拿地费用、其他税费等进行计算，使绿建方案达到成本最优，经济效益最大化。从而实现成本、收益的整体观念，保证方案及决策的正确性。前期策划咨询的另一个最重要目的在于后期对项目价值的审核，在对多个竞品分析对比后，反复讨论得到的效益评估，在项目执行后是否实现预期的目标及对社会影响力等，对不足之处总结教训，吸取经验。

（三）前期策划咨询对绿色建筑项目的必要性

1. 前期策划咨询对绿色建筑项目的必要性

近年来由于污染的不断加重，国家大力提倡科学发展、可持续发展的观念理念，作为国民经济支柱产业的建筑业，更应该积极响应国家号召，贯彻可持续发展观。前期策划咨询是便于建筑业实施可持续发展的有力手段，行业可持续发展是整个社会向前发展的大前提。工程建设过程中应当，也必须充分利用资源、保护环境，体现"节约""环保"等可持续意识已是迫在眉睫。前期策划咨询是项目开展前的规划和预估，帮助建设者能够不盲目地实施建设项目，充分发挥出行业特长，使得可持续建筑业发展目标得以实现。

前期策划咨询的优势在于可以及时发现项目规划的不合理处，对项目做一个全面整体评估，深入研究存在的问题，在项目初始阶段时间充裕，可以及时调整方案或提出有建设性的解决方案。建筑工程耗资巨大，应尽量避免资源以及资金的浪费，节约工程成本，这时就显现出前期策划咨询的必要性，它能够对项目进行整体把控，在实际工程中尽量减少因资源的不恰当利用造成的浪费，使绿色建筑工程更好的发展。

前期策划咨询涉及很多领域的知识及实践，不仅在工程建设设计及施工上起到关键的决定作用，还可以检验项目初步规划的科学性和合理性，同时还便于工程成本、收益的核算，乃至项目经济效益的预估，因此在建筑工程项目中起到了重要作用。对于从事前期策划咨询业的从业人员来讲，要求知识面非常广且处事能力非常高，因为此类工作的内容要以大局为重，良好地发挥出前期策划的主导作用。

现今建筑业是国民经济发展的重要手段，建筑业已经成为国民经济的支柱产业。在部分地区，很多建设工程项目都是政府进行的投资行为，对于政府型客户，前期策划咨询工作与政府城市规划方向一致更利于其发展，进而促进经济的发展。

在经济全球化趋势下，建筑业发展也应当将注意力从国内延伸至国外，促进我国建筑行业与世界接轨。而涉及跨国工程建设，对前期策划咨询服务的质量又提出了更高的要求，各个环节都应更加缜密，提前准确预估出社会效益和经济效益，才能着手投资规划。

2. 前期策划咨询对绿色建筑项目的迫切性

不做前期策划咨询，建筑项目也许由于工程投资大、资源浪费严重、环保及质量难以保证等问题造成回报率超低的严重后果，因此工程开展前进行前期策划咨询是十分必要的。前期策划咨询不仅对绿色建筑项目的整体概况有所准备，还更加关注实施过程中可能遇到的问题进行处理。因此，只有前期进行了周详的准备才能保障后期工程按照预定的规划方向顺利完成。

二、绿色建筑方案设计中的重点方面

绿色建筑方案设计的要点包括以下几个方面。

（一）绿色建筑施工图设计要点

在现代社会的发展过程中，随着我国所具有的城市化进程得以不断推进，建筑行业在发展过程中也得到了充分的优化发展。而可持续性发展特征的推广，也使得社会在发展过程中对于环境而产生的重要关注程度得以大幅度提升。建筑在构建过程当中，会对周边所具有的生态环境产生较为突出的现实影响，而绿色建筑理念在构建过程当中，对现代社会的建筑设计提出了更加创新性的发展思路，而相应的绿色建筑设计理念，在当前社会的发展过程中，能够通过绿色建筑理念，对建筑行业的发展起到较为突出的指导性作用。而在建筑设计的过程当中，如何使建筑施工图纸获得更加绿色化的建设特征，也得到了设计人员的广泛关注。

1. 对绿色建筑进行详细的分析

绿色建筑在构建过程当中，主要是指在建筑的构建过程当中，就其全生命周期而言，均能够对环境的节约性进行有效的体现，能够对节能以及节约材料等诸多特征进行体现，绿色建筑在构建过程当中，在设计中所具有的主要目的在于对生态环境进行综合性的保护，并且对各类污染进行有效的降低，使社会在发展过程中能够获得更加舒适的生活环境，并且使现实空间的利用率得以大幅度的提升，绿色建筑在构建过程当中，具有人与自然共生的特性。目前，我国各种建筑的构建过程当中，已经能够充分地将绿色建筑所具有的建设标准划入其自身地区内的总体规划过程中，能够进一步地对详细规划进行综合性的控制，并且要对专项规划以及建设性规划进行综合性的分析，而目前我国在发展过程中，诸多城市同样能够对绿色建筑给工作进行有效的开展。

2. 对施工图的综合设计要点分析

（1）要有效明确我国已经发布的各类绿色建筑相关策略

绿色建筑在构建过程当中，相应的策略是对绿色建筑施工图纸进行有效构建的现实依据，同时也是使绿色建筑图纸在构建过程当中，其自身规范性以及科学性得以保障的重要前提，施工图设计人员在构建过程当中，要仔细地对我国已经发布的诸多绿色建筑相应政策进行详细的查找，要充分地对房屋建筑和市政基础设施、工程施工图设计文件、审查管理办法等诸多文件进行详细的分析。

此外，设计人员要学会能够自主性地查阅其所在省市之内所拥有的各类绿色建筑的政策规定，由此使整体建筑在构建过程当中能够以政策为依托，使建筑在构建过程中的完善性得到大幅度的提升。

（2）对绿色设计专篇进行有效的完善

在进行绿色建筑施工图纸的构建过程当中，往往会涉及节能设计、节水、节材、节地设计等诸多专篇，而无论何种专篇在构建过程当中，相应的施工图纸设计人员均要对内容进行有效的完善，并且使专篇所具有的深度及广度能够得到大幅度的提升。在对建筑节能设计专篇进行构建的过程当中，要充分地对保温材料其自身所拥有的导热系数以及密度指标进行有效的明确，同时要对外保温材料所拥有的燃烧性能等级进行详细的分析。在具体的构建过程当中，不可仅在节能计算中对相应的内容标明，而不在整体设计图中进行注明，要充分地对屋面以及外墙等诸多防火隔离带的位置，以及其自身所具有的节能性能的变更进行详细的标注。

（3）对建筑计算报告书进行有效的规范

在具体的构建过程当中，要注意有关保温材料计算厚度取值规定，进行规范化构建，如果为民用建筑，则要充分地依照民用建筑、热工设计的相关规定进行有效的构建，相应的保温材料的导热系数以及具体的修正系数要予以更加正确的填写，要使其能够与国家标准以及审计标准相符合，在进行高层图纸的设计过程当中，往往会将分户墙以及相应的非采暖隔墙与采暖隔墙全部依照相应的方式构建到内墙建筑材料的计算过程当中，然而在构建过程当中，部分墙体一部分为混凝土墙体，如果按照相应的测算方式将与实际图纸不符，因此，计算书在构建过程当中要尽可能详细地构建，防止存在漏项的问题。

（二）绿色建筑电气设计要点

随着国内经济的快速发展，建筑行业也随之兴起，而建筑行业的兴起不仅给人们的生活带来很多方便，也给环境带来了很大的压力，环境保护已经逐渐成为世界各地的重点关注问题，所以绿色建筑理念有了很好的推进机会。但是绿色建筑的应用还要克服很多困难，相关的技术也要进行优化，才能实现真正意义上的绿色建筑，近年来，在可持续发展理念进一步深入人心的大背景下，绿色建筑的发展优势逐步凸显出来，在进行绿色建筑施工中，如何优化电气设计是建筑企业亟须解决的问题。

1. 绿色建筑电气设计的原则

在针对绿色建筑进行电气设计工作时，要根据实际的建筑情况，严格遵循电气设计的相关标准，充分发挥出设计的科学性及合理性。同时，也要特别注意对绿色建筑在电气设计的整体实用性原则，并结合实际的使用要求，对绿色建筑中电气设计的各项指标进行严格把控，并从多角度全方位进行综合考虑，在合理范围内节省经济成本的同时发挥出应有的经济效益及使用效果。与此同时，在进行电气设计时也不能忽视我国的基本国情，不仅要满足电气的基本使用功能及发挥的实际作用，也要响应建筑行业的发展行情，在绿色建筑的电气设计中加入节能功能的设计理念，并对相关的设计要点加以完善改进，从整体上保证电气设计的系统性及整体性。同时在进行相关电气设计过程中，在坚持遵守设计原则性的同时，要尽可能地达到设计要求，并发挥出应有的设计效果。

（1）坚持节约性选择

整体的建筑行业在施工过程中，大多数都会产生大量的能源消耗，这在一定程度上造成了建筑资源浪费情况的发生，因此，在进行建筑的设计工作时，要坚持走绿色建筑路线，以节约资源为设计原则，比如减少电能在传输过程中的损耗以及电能在设备运行时本身对电能的损耗，在较少损耗提高电能效率的同时注重实际使用性，这在建筑设计中是尤为重要的。因此，在设计师在进行建筑设计前，要对建筑的地域环境及其他气候因素等方面进行相应的分析研究，结合当地的实际情况来制订较为合理的设计方案，在更大范围内加入节能环保的相关功能来完成整体电气设计，同时以节约性为设计原则，适当地利用太阳能等一些自然可再生能源来实现绿色建筑节约能源的目的。

（2）坚持经济性原则

绿色建筑在进行电气设计时较为重要的一点是要具备一定的技术能力，在将会影响建筑的整体使用性及舒适性，对建筑后期的维护管理也有一定的影响。因此，在进行建设建筑的设计工作时也不能忽视舒适度的作用。因此，受多方面因素的影响，在设计施工时实际的施工成本往往会高于预期的设计成本，这就须要在设计及施工中要坚持经济性原则，在不影响整体建筑效果的同时，缩减经济成本的使用，将资源的效益最大化，提升整体的资源使用率，发挥出绿色建筑节能设计的合理性。

2. 绿色建筑电气设计的任务和要点分析

（1）绿色建筑电气设计的任务分析

对于绿色建筑的电气设计来说，首先要对任务进行要点分析，明确任务的重要性及实用性。建筑现如今已然成为社会发展的重要部分，因此在进行电气设计的任务时要以保证人们的健康安全为前提条件，在具体的设计工作中加入绿色节能的设计理念，保证建筑环境的舒适性及使用性，同时也要注意对电气设备的选择，合理选择节能型材料及设备，可有效减少对电能的损耗及设备后期运行费用。最后，施工时加强对设备控制的管理，并深化节能运行管理的理念，以节约资源为出发点，在进行绿色建筑使用的同时降低成本，按照电气设计的节能理念来实现资源应用最大化。

（2）绿色建筑电气设计的要点分析

在绿色建筑电气设计中，照明设备的设计是十分重要的，要从细节着手，并且要严格按照相关设计的规定进行功率的选择，以便在确保照明使用效果的同时符合绿色建筑要求。并且要重视使用灯具在综合发光率和耗能方面的性能，达到高效的灯具利用率，并降低灯具本身对电能的损耗。另外，在进行室内（如走道、大堂、门厅等）灯具控制时，可以选择采取分区、定时、感应等节能控制，满足用户实际使用需求的同时减少耗电量。除了照明设备的选择外，供配电系统的设计也要进行充分的重视。实际设计时，可以根据用户的实际用电情况来进行供配电系统的设计，但是，值得注意的是要始终遵循安全可靠的原则，并且科学合理地选择电缆，选取截面适当的电缆，充分结合用电安全和经济环保，以便降低供电线路中的电能损耗，最大限度地契合绿色建筑电气设计标准。在绿色建筑电气设计中，要充分发挥现代化科技手段，充分利用一些绿色无污染的清洁型能源，能够有效地减少对化石能源的消耗。

（三）绿色建筑生态技术的要点

目前，在全世界建筑行业包括我国建筑行业的发展过程中，绿色建筑成为重要的趋势，是推动建筑领域向着节能性方向、降低损耗方向进步的重要趋势。在此状况下，积极运用生态技术执行有关的绿色建筑设计施工工作有着一定的价值，尤其在应用可循环性、绿色化、环保性材料的情况下，按照生态技术的原理设计、建造，就可以给人类在建筑方面节约出大量的资源，因此在绿色建筑中布点加强对生态技术的探索，并不断改善，这样可以极大地减轻人们在居住的生态环境中所面临的压力。

1. 生态技术的概述

（1）生态技术的特征

生态技术指的是，能够满足当代社会大众在日常生活中的生活需求，让资源得到节约、能源得到合理的利用，让环境得到有效保护的所有生产形式和技术措施。和工程领域中常见的清洁能源技术、环保性技术相比，此类技术在应用期间具有一定的广泛性特点，可以增强运用流程的简化性，不会受到其他各类因素的制约或影响。目前在生态技术的运用、发展过程中，是将生态学的原理内容、社会经济规律内容作为基础，在此类内容的依托下，通过多元化的可再生能源的技术措施，辅助运用电子、生物等技术，将先进的科技应用其中，能够在多元化技术的支持与帮助下，将各类能耗较低、能够再生的技术措施应用在建筑领域中，创建出复合类型、综合类型等多种类型，且能够广泛应用的网络体系。

（2）新型的技术与发展

近年来，在我国生态系统出现污染现象的情况下，人们已经开始对环境的保护有着一定的重视，形成了一定的生态环保理念，对任何领域的环保情况都进行了监督。而在建筑领域中采用生态技术中的节约、对能源的合理利用，对环境、资源的保护，已经成了当下的经济和社会在发展中，必须严格遵守的基本原则。目前在国家强调进行节能减排、低碳理念生活的情况下，建筑领域中已经开始为建设友好型工程制订了各种规划，在自身工作领域中开始运用新能源技术，研究此类材料如何在工程中有效运用，并且提出了增强技术应用效果的手段和举措，在一定程度上可以进一步减少能源的浪费。

2. 生态技术在绿色建筑中的应用

（1）生态技术、材料的应用

①可持续的建筑材料。

这类材料的应用就是根据目前的时代发展特征，运用市场领域中的各类材料，也就是可以被降解、可持续回收利用，这会在很大程度上减轻环境的压力，最大限度地节约自然资源。绿色建筑使用的这些材料，人类在未来的发展中会考虑，通过什么方法用其替代之前的材料，形成相应的节能模式，然后进行大量、大范围的运用。

②零能耗的情况。

这类技术的运用，一般情况下是借助能够再生的能源建设，可以与城市领域中的电网之间相互脱离，在独立性运作的情况下，不会出现能源消耗的现象，这样除了能够达到节约能源的目的，还能降低工程领域中的温室污染的气体排放量，而且此类理念运用期间，还使用了相应的风能资源、太阳能资源及其他的可再生能源。

③新型材料在运用中的大量推广。

当下在建筑行业中获得全面运用的主要涉及的有智能化的反光玻璃材料和技术，在对其进行激光电处理的情况下，能够有效形成对太阳离子反射量的良好控制作用，之后自动化地将反光玻璃材料的反射光维持在一定的范围之内，使其反射而来的光线也可以得到一定的控制，此类材料应用的过程中，本身就有着极强的导热性能，对于太阳离子的抗性也很高，散热效果较为良好，在日间的时候能够形成太阳光反射作用和散热作用，温度最高的时候还能够改变颜色，夜间的时候逐渐会形成透明的状态。此类结构通常能够达到更加凉爽的效果，进而让能耗得到了极大的降低，给建筑当中的居民在居住的环境、生活上，都带来了非常舒适的体验。

（2）在建筑中对生态技术的分析

①新能源的技术。

通过太阳能技术、风能技术进行发电处理，可以有效地进行开发与相对应的生产，在新型能源的支持下，多数国家都开始重视技术的运用，除了可以增强环保效果与水平之外，还能增强节能技术的运用有效性和可靠性。

②市政大厅、办公中心的大厦。

这些建筑利用生态技术进行了一系列的创新，采用了先进的理念，主要是根据窗户采光特点，按照其会跟随着工程结构高度出现升高现象的这个规律，设计了相应的开窗形式，就是从低处到高处部分降低开窗数量的方式。在这些建筑中还设计了阳台绿色植物，不仅能够与采光的要求相符，还可以预防由于阳光过多出现的辐射现象。工程的东部立面区域，主要应用了穿孔金属板材料，和西面的立面一样，整个建筑的结构形成了能够"呼吸"的外表，在对金属板进行穿孔处理的情况下，能够达到自然通风的目的，形成良好的流动性空气条件。受到塔内部较冷的水蒸气的影响进而实现降温，然后就会进入各个楼层送风的管道当中，给室内提供相对凉爽的空气，受热之后水分就会返回冷冻的水板，经过冷却之后就能够实现重复利用。

三、多工种协同工作的绿色建筑设计方法

由于绿色建筑的科技含量越来越高，各专业中包含的内容也越来越多，有土建、装修、安装、采暖、给排水、空调、消防等。施工中的协调工作，牵涉面广且又琐碎。各专业工程施工中的交叉配合与协调工作如果处理得不尽如人意，到了工程施工的后期，由于这些问题，往往只能返工解决，造成工程投资的极大浪费，影响工期，有的还会影响到建筑物的使用功能，严重的甚至还会带来质量问题和安全隐患。例如，土建及其他专业队之

间配合往往会出现一些问题。这些问题到了工程主体完工被发现时已很难处理。因此，绿色建筑工程施工中各专业的协调配合是非常重要的。

（一）施工准备阶段的协调配合工作

施工准备期间，安装技术人员要与负责土建和装修工程的工作人员一同收集、整理施工现场资料，共同为建筑施工设计做准备。通常情况下安装单位与土建单位和装修单位各行其是，相互之间甚少联系，不利于各分项工程之间的协调配合工作。这种情况下，筹建单位应将各分项工程施工单位有机组织在一起，加强彼此之间的联系，做到沟通无间、团结协作。各分项工程施工单位也应秉持着认真、负责的态度加强沟通和联系，才能避免出现工程变更、工程返修等情况。

在此阶段，筹建单位可以建立一套切实可行的管理体系负责各分项工程之间的协调配合工作，并派遣专人执行与负责这一工作。为了实现协调配合目的，负责人应全面了解各项工程内容，科学设计施工组织，并在施工现场监督与管理各项工程的施工程序与施工时间，及时调配各项工作，使各部门配合更加紧密和密切。

（二）施工设计阶段的协调配合工作

建筑施工设计阶段，安装单位、建筑土建单位和装修单位分别设计施工图纸后应一同会审各分项工程的设计图，考核设计图纸之间是否存在冲突、设计不当等问题。倘若安装工程图纸与土建工程和装修工程设计图纸存有冲突，相关人员应共同探讨、选择最优化的施工方案，尽量使冲突得到有效解决，尽可能使建筑施工设计意见达成一致，有利于保证安装工程的合理性和科学性。

建筑施工过程中安装人员应及时、准确地了解和掌握土建工程和装修工程的施工进度。可能的话，安装技术人员应深入土建、装修设计单位内部，准确地了解其施工计划并掌握各项施工工作的具体安排情况，对施工进度做到了然于胸。同时，安装技术人员要完全掌握梁、柱与安装之间的关系，才能借助土建工程更好地完成安装的相关工作，确保排水工程具有较好的使用性能和使用质量。

（三）基础施工航段的协调配合工作

在基础施工阶段，安装工程主要集中于强弱电进户线路保护管道的预留孔洞和管道建设工作。该项工作通常应在土建防水工程施工前进行，目的在于避免安装工程破坏防水设施，影响到建筑实际使用的防水效果。设施预留孔洞和管道施工建设前，工作人员要仔细检查实际情况是否与设计图纸相符，并严格按照设计图纸进行施工。倘若出现不符，应与土建施工人员及时沟通，使问题得以解决。除此之外，安装技术人员还须特别注意一些重点位置，比如防水要求相对较高的地下室、基础墙体等地方。在这些位置施工建设时一定要注意保证进户线路的刚性，以免影响后续防水工程的施工工作。

除了以上内容外，强弱电、电水管道电位的连接问题，以及防雷接地设备的安装问题也是安装工程中要重点注意的问题。当前，建筑市场上大多采用建筑物基础钢筋作为接地设备，既方便又有效。倘若建筑采用的是独立柱基础，也可在柱基础外包裹一圈热镀扁钢作为接地设备，并利用柱内钢筋作为引上线，充分利用了柱基础所提供的一切资源。

（四）主体结构施工阶段的协调配合工作

建筑主体结构施工期间，安装与土建和装修工程之间的协调配合工作是重中之重，协调配合效果直接关系着建筑整体的施工质量。在此阶段，建筑安装工作主要根据混凝土浇筑进度来运转，按照浇筑进度逐层逐段实施和完成，使得安装与土建工程之间的联系更为密切，协调配合工作更显重要。因此，相关施工单位应对此提高重视，加强控制与管理。

为了提高安装与土建施工之间协调配合效率和质量须做到：第一，现浇筑混凝土板内配管直径不应超过板厚50%，并尽量避免弯曲。如果配管直径不得不弯曲，弯曲半径必须大于管径10倍。第二，装修工程中的有关管、盒必须安装牢固，并注意安装位置。比如，结构梁内配管敷设位置应在梁1/2以上部位，禁止敷设在梁底部。第三，浇筑混凝土过程中，安装技术人员应在施工现场进行检查和监督，避免混凝土振捣毁坏预留孔洞和管道、防止配管和灯盒头出现损坏。浇筑过程中一旦出现以上状况，土建施工人员一定要及时进行修复，避免影响安装工程的正常运行。第四，注意各层避雷线焊接工作。由于建筑工程中经常利用柱基础结构中的钢筋作为避雷线，要逐层将各柱内钢筋进行焊接，将建筑结构内的避雷线连接成一个整体。为了保证避雷线焊接工作正常进行，土建施工人员应按照设计图纸在各层主筋的两个钢筋处用红线加以标志，便于安装人员进行避雷设施安装工作。完成柱内避雷线焊接工作后，应将顶层避雷线连接到女儿墙、屋面、挑檐等避雷网。至此，建筑物才形成了一个较为完整的避雷网。第五，室内填充墙砌筑之前，安装技术人员应将线管试穿一遍，发现问题应立即做出调整。同时，墙体砌筑过程中安装技术人员应按照设计图纸在墙体上清楚标注预留管线和配电箱体的孔洞位置，施工人员则可按照位置标记进行施工，并保证预留孔洞位置的精确性。孔洞预留过程中，如果与煤气管道等发生冲突，可以灵活做出调整，但施工人员应与安装技术人员商议后再决定。

（五）装饰装修阶段的协调配合工作

建筑主体结构工程完成后，安装技术人员应及时复核一遍石墙内弹出的水平线是否与设计图相符，核实无误后按照水平线确定各电源盒、灯具、配电箱等位置、标高线位置，然后再试穿一遍，畅通无误后便用纸团暂时堵上，进行室内装修工程。

1. 与业主协调配合，交给业主一个完美工程

项目部与业主的关系是合同关系，项目部按照承包合同或协议的约定，对业主负责。业主发出相关指令后，立即组织人员执行指令，服从、满足业主要求。

①项目经理部全体人员要确立"业主是顾客"的服务观念，把工期目标和工程质量目标作为核心，建造一流的建筑产品，让业主满意。

②项目部从工程全局的角度，认真履行承包合同条款中规定的义务，积极主动地为业主服务，接受业主的领导，落实业主的各项指令、决策，解决工程实施过程中遇到的问题。协助业主处理好与设计、政府监督部门、政府职能部门等的联系、沟通工作。科学、合理地组织工程施工，完成施工的各项任务，实现业主要求的各项目标。

③经常核实项目建设的施工范围是否与签订的合同与图纸一致。发现有不符地及时查找原因，并请业主或监理核实和签字确认。

④加强与业主的沟通和了解，征求业主对工程施工的意见，对业主提出的问题予以答复和处理，不断改进工作；尊重业主发出的各项工程指令，并及时回复，按时完成。

⑤根据业主的建设意图，发挥承建方的技术优势，站在业主的高度从工程的使用功能、设计的合理性等方面考虑问题，多提合理化建议。

⑥每月、每周、每日由分包向总包提供工程报告，由总包统一汇报各项进度计划。

⑦根据合同要求，科学合理地组织施工，统一协调、管理、解决工程中存在的各种问题，让业主放心。

⑧做好竣工后的服务，包括回访和保修，认真履行承包合同。

2. 与监理单位的协调配合，工程质量精益求精

监理单位与经理部的关系是在监理规程等国家和地方的各项法律法规框架下的监理与被监理的关系。监理单位在开工前应向项目部进行监理交底，制订监理规划并下发项目部。监理单位应根据业主的委托，客观、公正地对工程进行监理。项目部从以下几个方面配合好监理的工作：

①为监理单位在项目现场提供良好的工作条件，为其顺利开展工作提供保障。

②开工前将正式施工组织设计或施工方案及施工进度计划报送监理工程师审定。书面报告施工准备情况，获监理认可后方可开工。

③严格按照监理规程要求及时全面地提供工程验收检查、物资选择和进场验收、分包选择等书面资料，使监理单位及时充分地了解工程的各项进展，对工程实施全面有效的监理。

④材料的进场情况向监理申报，并附上年检合格证明或检测报告。

⑤对有见证取样要求的材料，现场取样送检时由监理或业主代表见证。

⑥若监理对某些工程质量有疑问，要求复测时，项目部将给予积极配合，并对检测仪器的使用提供方便。

⑦及时向监理报送工程质量检验资料及有关材质试验、材质证明文件。现场验收申请、审批资料的申报要提前提交监理，为监理正常的验收和审批留出足够的时间。

⑧对监理提出的现场问题要及时进行总结整改，避免同类问题的再次发生；要求全体员工，包括承包、分包单位人员，尊重监理人员，积极配合监理的工作，响应监理的指示和要求。

⑨若发现质量事故，及时报告监理和业主，并严格按照设计、监理或业主审批的方案进行处理。

⑩工程全部完工后，经认真自检，再向监理工程师提交验收申请，经监理复验认可后，转报业主，组织正式竣工验收。

3．与装饰设计单位积极配合

建筑师的责任是指根据合同要求，建筑师代表业主对承包工作范围内的设计任务给予专业上的指导和监控，要求承包单位具备很强的深化设计能力和配合协调能力。作为有丰富施工经验的承包商有能力预测和控制设计对施工的影响。业主方仅提供政府各主管部门审批的建设工程建筑图纸，满足现场实际需要的装修施工详图都由承包方负责自行完善绘制；承包方根据合同负责的所有设计要报建筑师/业主的批准，但批准并不免除或减轻承包方的设计责任；业主方发出的局部变更指令而必须变更的施工设计变更，由承包方负责完善。

在建筑师负责制下承包商必须做到以下要求的内容：

第一，深化设计图纸，主要方案，材料报审、施工样板等必须由建筑师审批同意后，承包商才能订货施工。

第二，因建筑师负全责，业主只配合、协调，故承包商必须做好与建筑师的施工相关配合、协调工作，项目部按合同、设计图纸及规范要求，同时在监理的监督下，将设计蓝图转化为施工深化图纸项目技术管理部负责协调、处理与设计单位的各项工作关系。

在工程建设过程中，项目部与设计单位的关系主要有以下几个方面：

第一，施工前项目部组织相关技术人员对施工图纸进行详细的会审，提出图纸中存在的问题；由建筑师进行设计交底，解答图纸中的疑问，接受建筑师的修改建议和意见。

第二，项目部根据施工总进度计划向设计单位提出施工图需求计划，设计单位尽最大努力满足项目部的要求，保证工程进度。

第三，项目部对工程实施中出现的与设计相关的问题，应及时向设计单位进行汇报，征求设计意见；及时向设计单位提供各专业设计上存在的或可能存在矛盾的情况汇报，协助设计单位解决各专业设计中存在的冲突，减少或消除设计上存在的矛盾，满足工程实用需要。

第四，项目部严格审核深化设计图纸等，并报送建筑师批准。贯彻设计意图，保证设计图纸的质量。

第五，严格执行设计图纸要求、按图施工，无设计变更或工程洽商，任何人无权改动施工图纸，未经设计单位批准的图纸不得使用。

第六，在与设计单位的合作中，在开工前就事先考虑好发生设计变更等情况，制订一套应急措施或方案。遇有设计变更，应及时迅速地调整工程进度计划，并协调分包单位的施工。

第七，在设计交底、图纸会审工作中积极和设计单位沟通，加强设计与施工的工程技术协调。

4. 与总承包方的协调配合

（1）工期计划的协调配合

精装修计划编制后纳入总承包总进度计划中，配合完成总承包进度安排。

（2）施工场地协调管理

施工场地安排分阶段实行动态管理，进场施工前，应向总包提交其施工及构件堆放所需的场地面积、部位等场地计划，总包根据施工进度计划安排以及现场实际情况，合理安排施工场地，为各分包提供搭建材料设备仓库、设备堆放区、办公区的合理空间，并划分责任区。对于临建设施由总包统一规划，统一布置，必须遵守总包对现场场容场貌的管理。

第七章　城市更新中的建筑遗产保护与利用

第一节　建筑遗产的价值

一、建筑遗产的价值要素

（一）建筑遗产的内涵及对其价值认识的变迁

建筑遗产概念的形成本身就有长时间的铺垫。有一些核心概念直接影响了它的形成，包括纪念物、纪念性建筑、废墟、古建筑、历史建筑等等。20 世纪 60 年代之后，有关建筑遗产的范围持续扩展，无论是在类型、规模还是在创建与保护的时间间隔方面，都是如此。建筑遗产不仅包含最重要的纪念性建筑，还包括那些位于城镇和特色村落中的次要建筑群及其自然和人工环境。这一界定扩大了建筑遗产的范围，使之与"纪念性建筑"的概念加以区分，即纪念性建筑只能代表一部分建筑遗产，不能涵盖建筑遗产范围的全部。建筑遗产具体包括三个部分：第一，纪念物，具体指所有具有突出的历史、考古、艺术、科学或技术价值的建筑物和构筑物，包括其附属物和辅助设施；第二，建筑群，指具有突出的历史、考古、艺术、科学、社会或技术价值的同类型的城市或乡村建筑组群，它们相互连贯，构成了地形上可定义的单位；第三，遗址或历史场所，即指具有突出的历史、考古、艺术、科学、社会或技术价值的人与自然结合的作品，具有足够的特色或同质性的景观而能够从地形上加以定义。

总体上说，可将建筑遗产界定为具有一定价值要素的有形的、不可移动的实物遗存，不仅包括文化纪念物、建筑群，也包括能够体现特定文化特征或历史事件的历史场所以及城市或乡村环境。文化建成遗产（CBH）概念涵盖了一系列相互独立的对象，诸如考古学上的遗址、古老的纪念性建筑、单个的建筑物或建筑群、街道以及联系一个群体的方式、建筑物周围的场所、单独耸立的塔或雕像等等，甚至还能扩展至本身具有遗产价值的整个地区，或者说，它们本身没有遗产价值，但因靠近具有遗产价值的地方而使其成为有重要意义的区域。

对建筑遗产内涵的认识本身便突出了它所具有的价值属性。联合国教科文组织站在全球高度理解文化遗产，强调遗产的"突出的普遍价值"，欧洲理事会强调建筑遗产突出的历史、考古、艺术、科学、社会和技术价值。无论强调哪些价值，或者在何种程度上强调这些价值的重要性，只有那些具有一定价值要素的建筑遗产才值得保护，才具有保护的理由与合法性。

在对建筑遗产价值的认识方面，揭开现代欧洲历史序幕的文艺复兴时期，标志着一种重要的转变。这一时期除了给予建筑遗产的艺术价值以前所未有的重视外，尤为重要的是，开始形成一种新的历史观，即视历史的演变为一个有始有终的过程，认为"现代"是过去各个时代进步累积的结果。于是，人们生发出一种怀古情怀，重新欣赏古代的优秀遗产，这为建筑遗产保护奠定了强有力的思想基础。

19世纪中后期，许多有关建筑遗产的价值观念更为理性化，获取详尽、客观的历史事实变成了价值追寻的重要目标，历史性建筑的修复开始被视为一种科学活动。从此，对建筑遗产文献价值、史料价值的推崇开始占据了建筑遗产保护的舞台，而且至今仍有着强大的影响力。这种观点的直接后果就是，人们认为只有那些具有历史证言性质的建筑遗产才是值得保护的，而且保护的首要任务就是保护历史证言的真实性。

无论是公众，还是那些掌管公共纪念碑的人，都不能理解修复一词的真正含义。它意味着一座建筑最彻底的毁坏；在这场毁坏中，任何东西都没有留下，它总是伴随着对所毁事物的虚假描绘，那么就让我们不再谈论修复，这件事是个彻头彻尾的谎言。因而罗斯金主张，对历史建筑只能给予经常性的维护与适当的照顾，而不可以去修复，因为经历时间洗礼的原始风貌难以再现，任何修复都不可能完全忠实于原物，甚至可能破坏建筑物的真实面貌。重视建筑遗产历史真实性、客观性和完整性的价值观，"保养"胜于"修复"的历史建筑保护理念，尤其反对追求风格统一的修复观，提出应尊重过去的历史和艺术作品，不排斥任何一个特定时期的风格，尤其是应处理好建筑遗产与周边环境的关系，提升文物古迹的美学意义。尊重建筑遗产的历史价值和艺术价值，提出传递真实性的全部信息是建筑遗产保护的基本职责，而保护与修复的基本目的则是旨在把它们既作为历史见证，又作为艺术品予以保护。使用"文化意义"（或"文化重要性"）的概念来表述遗产的文化价值，即遗产的文化价值指的是对过去、现在和将来世代的人具有的美学、历史、科学、社会或者精神方面的价值。

总之，对建筑遗产价值基础和价值要素的认识，是长期以来人类建筑保护历史进程演变的结果，是各种价值观念不断变迁与相互较量的结果。建筑遗产保护工作呈现良好的发展态势。随着遗产价值观念的变化，建筑遗产保护对象的范围也不断扩展，折射出建筑遗产保护价值观的变迁。

（二）多重价值呈现：建筑遗产的价值要素

现代遗产保护中的主要问题是价值问题，价值的概念本身就经历了一系列的变化。虽然每个时代对建筑遗产价值要素、价值类型的强调各有侧重，但总的说来建筑遗产呈现出多重性、多元化的价值要素，尤其是当代国际遗产界对建筑遗产价值认识已有了多方面扩展，这是不争的事实。

建筑遗产的价值要素构成可确立为历史价值、艺术价值、科学价值、情感价值和经济价值"五大价值"。其中，情感价值是一个广义的概念，它兼容了社会价值和精神价值。

1. "石头的史书"：建筑遗产的历史价值要素

从遗产的基本意义上看，以时间性要素为前提的历史价值是遗产固有的"存在价值"，时间属性对于建筑遗产价值的高低至关重要，文物建筑的主要价值在于它携带着从它诞生时起整个存在过程中所获得的历史信息，也就是说，在于它是历史的实物见证。同时，时间属性也是构成建筑遗产衍生价值的重要变量。

作为"石头的史书"，建筑遗产的历史价值相比于其他非物质文化遗产而言，其独特性在于它可以通过实体形态直观地呈现和"记录"曾经流逝的岁月印记，以延续我们对历史的记忆，有助于我们较为直观地理解过去与当代生活之间的联系。没有物质性表征的记忆往往是抽象的，建筑遗产作为存储和见证历史的具象符号，借由时间向度的历史叙述，突显了建筑所具有的不可替代的集体记忆功能。

例如，北京八达岭长城作为至今为止保护最好、最著名的一段明代长城，自古即为兵家必争之地。历史上许多重大事件曾聚焦八达岭，如秦始皇东临碣石后，自八达岭取道大同，驾返咸阳；辽国萧太后巡幸、元太祖入关、元朝皇帝往返北京与上都间、明代帝王北伐等，八达岭均为必经之地。近代以来，詹天佑在八达岭主导了中国人自行设计和建造的第一条铁路——京张铁路。

建筑遗产保护理论中，与历史价值紧密相关的一个价值要素是"年代价值"或"岁月价值"。将文物的价值要素划分为两大类型，即纪念性价值与现今的价值。其中，纪念性价值包括历史价值、年代价值和有意的纪念价值，纪念性价值指的是文物让人第一眼就感受到它所显露出的过去的古老特质。一件文物的年代外观立即就透露出了它的年代价值，年代价值要求对大众具有吸引力，它不完整、残缺不全，它的形状与色彩已变化，这些确立了年代价值和现代新的人造物的特性之间的对立。年代价值主要来自建筑遗产的岁月痕迹，是时间流逝所衍生的一种价值，本质上是审美性的情感价值，无须联系建筑遗产本身的历史重要性、真实性来衡量。但是，对历史价值的判断，则要求其能够真实可信地代表过去某个特定的历史事件、历史瞬间或历史阶段，尤其强调其所体现的历史真实性。

2. "艺术的丰碑"：建筑遗产的艺术价值要素

几乎在所有建筑遗产保护的国际宪章、法规和相关文件中，除了遗产的历史价值外，被反复强调的一个价值要素便是艺术价值。任何建筑物，无论是公共财产还是私有财产，无论始建于任何时代或者任何遗址，只要它具有明显的重要艺术特征，或存储了重要的历史信息，就属于古迹范畴。

艺术价值同历史价值一样，是建筑遗产的核心价值，对于判定建筑遗产价值的高低至关重要。无论从艺术起源的角度，还是艺术功能的角度，建筑确凿无疑的是一种艺术的类型，而且它在"艺术大家庭"中还扮演着不同凡响的角色。实际上，建筑遗产保护中的艺术价值，主要是指遗产本身的品质特性（主要是视觉品质）是否呈现一种明显的、重要的艺术特征，即能否充分利用一定时期的艺术规律，较为典型地反映一定时期的建筑艺术风格和审美趣味，并且在艺术效果上具有一定的审美感染力。奥地利学者弗拉德列认为，建筑遗产的艺术价值包括三个方面，即艺术历史的价值（最初形态的概念、最初形态的复原等）、艺术质量价值和艺术作品本身的价值（包括古迹自身建筑形态的直接作用和与古迹相关的艺术作品的间接作用）。

从宽泛意义上说，与艺术价值要素相关联的一个概念，是所谓的美学价值或审美价值，不少学者在表述建筑遗产的艺术价值时主要指的是美学价值或审美价值。作为一种造型艺术的建筑，往往通过点、线、色、形等形式元素以及对称与均衡、比例与尺度、节奏与韵律等结构法则，使人产生美感，并使建筑达到或崇高，或壮美，或庄严，或宁静，或优雅的审美质量，这便是建筑所体现出的美学价值。遗产的审美价值主要是指遗产所具有的美感、和谐、外形及其他美学特征。建筑遗产的美学价值指的是建筑或建筑群落其自身确定的形态反映其建筑风格或建筑时期，这种确定的形态指的是建筑结构方面的、装饰细部方面的，或者是区别于别的建筑的独特建筑品质，属于世界或本民族范围内的建筑古迹。

建筑遗产的美学价值具有历史性和地域性，即它必定要反映特定时代的审美趣味或典型风格，同时必定是特定民族和地域文化审美特征的重要构成。例如，从北京天安门广场鸟瞰图中，我们可以明显地看到体现不同时代典型风格和审美趣味的建筑遗产。作为明清皇城正门的天安门及它所开启的紫禁城，是中国宫殿建筑艺术的集大成者与最高水平的代表，如同浩瀚的"宫殿之海"，鲜明体现了中国传统建筑群体组合多样性统一的审美特点；

而位于广场西侧的人民大会堂、广场东侧的中国国家博物馆（原中国历史博物馆和中国革命博物馆）同属于首批中国20世纪建筑遗产，两座建筑造型相似、体量相当、相互对称。

尤其要强调的是，理解和评估建筑遗产的美学价值不能将建筑遗产从其现实环境中孤立出来，还应考虑其周围的环境与氛围。只有两者和谐时，才能共同呈现出更高的美学价值。因为建筑与其他艺术类型相比，具有强烈的环境归属性，好比太和殿只有在紫禁城的庄严氛围中才有价值，祈年殿也只有在松柏浓郁的天坛环境中才有生命。绘画、雕塑作品可以自由流动，不受空间环境限制，且空间环境的变化不改变或损害作品的审美特征。但建筑却不同，它总要扎根于具体的环境，成为当地的一个部分，并构成环境的重要特征。对每座建筑、每种城市风景或景观，我们都必须根据存在于建筑物内部以及该建筑物与其更大环境之间的功能适应关系欣赏，不能做到这一点，便会失去许多审美趣味与价值。

3. "科技之凝结"：建筑遗产的科学价值要素

科学价值同历史价值、艺术价值一样，是有关建筑遗产保护的宪章、准则和相关文件中普遍强调的重要价值要素。重视提升文物的美学意义，强调保护历史性纪念物的历史和科学价值。我国的建筑遗产保护工作一贯重视建筑遗产的科学价值。

建筑遗产的科学价值，主要指的是建筑遗产中所蕴含的科学技术信息。不同时代的建筑遗产在一定程度上代表并体现着当时那个时代的技术理念、建造方式、结构技术、建筑材料和施工工艺，进而反映当时的生产力水平，成为人们了解与认识建筑科学与技术史的物质见证，对科学研究具有重要的意义。科学价值指的是一个地点的科学或研究价值将取决于有关资料的重要性、稀缺性、品质或代表性，以及它可能贡献出更深层次的实质性信息的程度。建筑遗产的科学价值不同于其历史价值与艺术价值，它需要专业的科学性评估与辨识，除了从建筑遗产的设计及相关技术、结构、功能、工艺等方面做出判断外，还要从遗产所处的社会背景及当时的技术标准方面进行衡量，以判断其先进性、合理性和重要性。

以中国传统建筑遗产为例，中国古代建筑的木构架结构体系在世界建筑文化史上独树一帜。中国古代木构架有抬梁、穿斗和井干三种结构方式，其中抬梁式架构最为重要。《营造法式》大木作部分主要讲的是这种架构，它主要运用于宫殿、坛庙等大型建筑物，更为皇家建筑群所选，是汉族木构架建筑的代表。中国古代建筑木构架结构体系中，斗拱技术是古代建筑技术的独特创造，它使中国古代木构建筑不用一颗钉子，而所支撑的大殿屹立不倒。斗拱组织也是中国古代演变最为明显、等级标志和建筑审美艺术突出的建筑技术。斗拱最初是柱与屋面之间的承重构件，起着承托、悬挑、拉结等结构功能。在斗拱的历时性演变过程中，将其力学结构的实用功能赋予了礼仪的或伦理的功能。现存山西五台山佛光寺大殿是唐代殿堂型构架唯一遗例，也是认知和理解斗拱与梁柱的复合组合技术的最早范例。

由国家主持的皇家建筑往往集中了当时最先进的建造技术，因此作为元明清三代都城的北京，有着得天独厚的大型木架构建筑遗产，是我们认识中国古代建筑科技和进行相关专业研究的重要实物资料。

重建于明末及清初的北京故宫外朝三大殿，即太和、中和、保和三殿，是帝王举行重大典礼、处理国家政务的地方，建筑等级最高，气势最宏大，且是中国古代宫殿建筑技术最高水平的实物见证。其中，太和殿是我国现存最大的木构殿宇，屋顶式样为等级品位最高的重檐虎殿式。间架等级最初为五间九架，在清康熙八年（1669 年）改建时，筑为五间十一架，它在许多方面都可以看作我国历代宫廷建筑之成功经验的总汇。保和殿的珍贵性体现在如今北京故宫主要殿宇中唯有它现存的主体梁架仍为明代建筑。建筑结构采用"减柱造"的特殊法式，减去了殿内前檐六根金柱，使殿前廊和殿内空间更为开阔。

其实，从更广的视角看，建筑遗产所蕴含的科学技术信息，不过是建筑遗产所携带的历史信息的一部分，对建筑遗产科学价值的理解必须联系其历史价值，因而科学价值实质上是历史价值的一种具体表现。

4. "特殊的"资本建筑遗产的经济价值要素

建筑遗产的历史价值、艺术价值、科学价值、情感价值等价值要素，建筑遗产的绝对价值或内在价值，它们独立于任何买卖交换关系，是建筑遗产本身所具有的自然的或可以重现的价值要素。简言之，这些价值无须与其他价值的联系或促进其他价值的生成而显示其重要性。显然，像建筑遗产的经济价值、利用价值这类价值要素，本质上不属于建筑遗产固有的内在价值，而是一种衍生性价值，即只有当建筑遗产存在历史价值、艺术价值等文化价值时，才能衍生其经济价值。历史建筑可能体现了"纯"文化价值，同时作为一项资产还因为其物质内容和文化内容而具有经济价值。例如，正是因为建筑遗产的艺术价值、历史价值，才让人们愿意付费参观。

建筑遗产保护应是一项合理的投资，文化遗产的经济价值分为三个方面，即住房舒适价值、娱乐休闲价值和遗赠价值。其中，住房舒适价值依据享乐价格法（HPM）加以评估，娱乐休闲价值和遗赠价值则根据条件价值评估法（CVM）加以评估。将建筑遗产总的经济价值划分为使用价值与非使用价值，而在使用价值与非使用价值之间存在一个选择价值。文化遗产经济价值要素不仅包括由建筑遗产之使用而直接产生或间接产生的收益，如居住、商业、旅游、休闲、娱乐等直接收益和社区形象、环境质量、美学质量等间接效益，以及未来的直接或间接收益，还涵盖了存在价值、遗赠价值等非使用价值。建筑遗产的非使用价值指的是不能由市场交易而获得的经济价值，因此很难用价格来衡量。这类价值要素具体可分为存在价值、选择价值及遗赠价值。其中，存在价值指个人看重的仅是遗产存在本身，即使他们自己可能没有亲身体验或直接消费其服务；选择价值指某人希望在未来某段时间内，保留他或她有可能会利用遗产的可能性（选择）；而遗赠价值则源于将遗产这一资产遗赠给子孙后代的愿望。

建筑遗产是一种具有精神、文化、社会和经济价值的不可替代的资本，它远非一件奢侈品，而是一种经济财富。我国的文物保护法律法规没有明确提及经济价值。但是，实际保护工作中的各个环节都离不开市场经济这一只无形而又无所不在的手。实际上，完全否认或忽视建筑遗产的经济价值既不现实，也不利于建筑遗产的可持续保护与再利用。

当代建筑遗产保护运动的发展，一个非常重要的价值拓展，便是对建筑遗产的价值认识从内在价值走向内在价值与外在价值（或者绝对价值与相对价值）相结合的综合价值观，即将建筑遗产不仅视为一种历史和文化见证的珍贵文物，还视为一种促进经济与文化发展的文化资源和特殊的文化资本，从而将建筑遗产的文化价值与经济价值紧密联系在一起。经济价值虽然在建构一个地方的文化意义时，很少被专业人士认为是真正的建筑遗产价值，但是常常被用来作为保护的理由，尤其对地方政府而言。对于今天的社会而言，促使建筑遗产在其文化价值与经济价值的发挥之间良性互动，对于让民间力量在建筑遗产保护中发挥更大的作用至关重要。

二、建筑遗产的情感价值

（一）认同感：建筑遗产情感价值的基本内涵

关于建筑遗产的情感价值，国内外一些学者展开过相关讨论。历史建筑就是一个能给予我们惊奇的感觉，并令我们想去了解更多有关创造它的人们与文化的建筑物。它具有建筑艺术的、美学的、历史的、记录性的、考古学的、经济的、社会的，甚至政治的、精神的或象征性的价值，但历史建筑最初给我们的冲击总是情感上的，因为它是我们文化认同感和连续性的象征——我们遗产的一部分。

将历史建筑的价值主要划分为三种类型：第一，情感价值；第二，文化价值；第三，使用价值。其中情感价值内涵包括惊奇、认同感、延续性、精神和象征价值。实际上，一些将社会价值列为单独价值类型的学者，主要是强调建筑遗产与社群情感的联系，与形成身份意识、文化认同感和归属感相关联，属于建立在一个地区、社区或一个群体的集体记忆和共同情感体验基础上的价值类型。

所谓艺术情感的价值，既涵盖艺术价值又包含情感价值，是在其自身的建筑形象中具有艺术的因素，对于人们的情感接受有着正面的影响作用。古建筑及古建筑群从整体有益于人的心理，呼应于人的情感作用标准。

建筑遗产的价值构成归纳为信息价值、情感与象征价值及利用价值三个方面。将情感价值与象征价值联系起来理解，认为情感与象征价值是指建筑遗产能够满足当今社会人们的情感需求，并具有某种特定的或普遍性的精神象征意义。他认为，情感与象征价值具体包含文化认同感、国家和民族归属感、历史延续感、精神象征性、记忆载体等价值要素，核心是文化认同作用。

在对建筑遗产的价值认识和评价中，都关注了情感价值要素，比较一致的观点是强调建筑遗产带给人们认同感、归属感这一重要的情感价值。虽然世界建筑遗产保护的基本价值观转向了对文化价值的高度重视，但对文化价值这一极具综合性概念的理解，往往偏重从社会、国家、地域层面对文化重要性的认识，忽略生活其间的个体的文化需求和归属感，并不能涵盖情感价值所具有的丰富内涵。

（二）作为一种场所感的乡愁

目前建筑遗产保护价值理论总体上都忽略对作为个体的"人"的情感需求。"何人不起故园情"，之所以我们感到"残山梦最真，旧境丢难掉"，是因为扎根于人们心灵深处的对老建筑的情感价值难以割舍。随着城市建设日新月异，一个个熟悉的环境变得陌生，随着城市空间越来越"千城一面"，失去地方特色，人们对老城、老建筑、老街区的珍惜和依恋之情反而日益增强。这种情感价值用一个富有审美意蕴的词来表达就是乡愁，也可以说，乡愁是建筑遗产的一种独特的情感价值。

乡愁表现于人的情感层面，首先是一种场所感。场所感既是建筑现象学和环境美学范畴中的一个重要概念，也是人文地理学研究的中心话题之一。它是在人与具体的生活环境，尤其是建筑环境，建立起的一种复杂联系的基础上，所形成的一种充满记忆的情感体验，指的是人对空间为我所用的特性的体验，或者说是一种在共同体验、共同记忆基础上与空间形成的有意义的伙伴关系。

场所不是抽象的地理位置或场地概念，而是具有清晰的空间特性或"气氛"的地方，是自然环境和人造环境相结合的有意义的整体。在现代则表示一种主要由建筑所形成的环境的整体特性，具体体现的精神功能是"方向感"和"认同感"，只有这样人才可能与场所产生亲密关系。"方向感"，简单说是指人们在空间环境中能够定位，有一种知道自己身处何处的熟悉感，它依赖于能达到良好环境意象的空间结构。对于绝大多数历史古城而言，其友好的空间格局依赖某些高耸的标志性历史建筑或"特征性场所"所营造的方向感。例如，由于位于北京中轴线北端的鼓楼连同它后面的钟楼周围，大片覆盖着灰瓦的低矮民宅，因此它高耸的楼阁和雄大的基座，成为统率周围地段的构图中心，不仅使附近胡同的空间形态呈现独特的审美意味，也成为老北京人方向感的重要依托。"认同感"则意味着与自己所处的建筑环境有一种类似"友谊"的关系，意味着人们对建筑环境有一种深度介入，是心之所属的场所。建筑就是营建场所精神，是场所精神的形象化，建筑的目的是让人"定居"并获得一种"存在的立足点"，而要想获得这种"存在的立足点"，人必须归属于一个场所，并与场所建立起以"方向感"和"认同感"为核心的场所感。

有可读性的、好的环境意象具有重要的情感价值，会使人产生犹如回家般的安全感和愉悦感。而"场所感"主要来源于地方特色，这种地方特色能使人区别地方与地方的差异，能唤起对一个地方的记忆。场所的概念概括了一个具备独特物质与视觉特征的地区，它也为城市规划与设计事业指出了一条解决问题的途径。一个具有强烈地方感的位置不仅具有视觉上可辨认的地理边界，同时也能唤起人们的归属感、集体感，并给人一种踏实的感觉。

现代建筑与城市规划的一个重要问题是场所感的削弱甚至消失，居民与环境的疏离感、陌生感日益增强，到处旧貌换新颜，到处变得都一样，让本地人也产生了"异乡人"的感觉。"无场所"指出现代城市随意根除那些有特色的场所，代之以标准化的景观，由此导致了场所意义的缺失。那些无场所感的标准景观，便将原本贴近个人与群体的共同生活记忆淡化为个人生活经验与空间的疏离，这是一种缺乏生活印记的空间，显然很难建立人与环境的情感关联，导致人们缺乏归属感。

有关建筑与城市规划中的场所、场所感的概念，对我们认识建筑遗产保护的特殊情感价值极具启示意义。实际上，所谓城镇建设要让居民"记得住乡愁"，本质上就是指城镇建设应保持和建构一种空间环境的场所感，一种建筑、城市、乡镇与人们的居住之间积极而有意义的情感联系。不要让乡愁无处可寻，也无处安放。

一座城市在走向现代化的进程中必然遭遇保护与发展的难题。从城市历史发展的角度来看，城市建筑空间的场所特性和场所结构存在保护与发展、稳定与变化的矛盾。应该看到，场所不可能永远不变化，场所的变化既有积极的一面，又有消极的一面。积极的一面是城市要发展、要前行，要让市民生活得更舒适，就不能不更新改造；创造符合时代要求的新空间，不可能不触碰历史建筑和历史空间；也并非所有老建筑、老街道都有必要或有条件完整地保留下来。消极的一面是，城市若在高速经济发展中，对突显城市特色，承载历史、记忆和情感的老建筑缺乏起码的敬意，将历史建筑、历史街区当成城市发展的绊脚石，一味地以推土机为先锋大搞城市建设，导致的结果便是城市现代与繁华了，但这个城市的文化血脉却没有了，原有的场所感几乎完全丧失了，当然也就很难让居民记得住乡愁了。这说明，对于城市建筑空间的场所特性和场所结构，应当处理好稳定性与变化性的关系，必须保持其相对稳定性，尤其是一些原有的承载城市特质和乡愁的场所特征，应当在城市建设发展中延续下来，并得到妥善保护。

全球化趋势使世界文化出现了史无前例的文化碰撞与文化交汇的复杂格局。在这样的时代背景之下，处于发展中国家的我们，更应当要对本民族、本地域的文化传统抱有深厚情感，怀有浓郁的"乡土情结"或家园意识，坚守对民族传统文化的忠诚与认同。这种精神诉求实际上是传统文化情感价值的重要体现，它源于人们一种内在的社会心理上的需求，即归属感需求。作为一种集体记忆形式存在的传统建筑、传统街区，恰恰能够满足人们归属于某一场所、某一地域、某一文化传统的愿望，强化人们的共同身份认知，成为人们乡愁的依托之地。

（三）作为一种建筑审美意象

总体上看，建筑遗产保护理论中的审美价值，其内涵注重的是建筑的形式元素和结构法则所体现出的审美质量和艺术水平，比较忽视审美意象层面的阐释，当然这可能与审美意象难以转换为具体的评估标准有一定的关系。实际上，从审美意象层面看建筑遗产的审美价值，乡愁是建筑审美意象的一个重要体现，我们可以在建筑遗产审美价值范畴内提出第二级的价值评价要素——乡愁价值。

在我国近现代美学界，审美意象一直被推崇为中国美学的核心概念。意象是美感体验的对象和审美活动的结晶。审美意象是一种在审美活动中生成的充满意蕴和情趣的情景交融的世界，它既不是一种单纯的物理实在，也非抽象的理念世界，而是一个生活世界，带给人审美的愉悦，并以一种情感性质的形式揭示世界的某种意义。从审美意象的视角看建筑遗产的审美价值，就不能仅仅停留于只是对作为审美客体的建筑本身的形态、结构和元素的审美价值评估，而应将建筑遗产视为一种审美之"象"，即作为主体的一种情感体验"意"之载体的"象"，这时的建筑遗产已经不是单纯的物理存在了，而是充满情感意味的审美意象。

同时，建筑遗产不仅具有三维空间的立体性，它还随时间的流逝而变化，也就是说建筑遗产之"象"是一种存在于四维时空中的形象，其独特性在于它可以通过实体形态直观地呈现和展示曾经流逝的岁月印记。对于普通人而言，看到老建筑上留下的由时光制造的斑驳痕迹，往往会引发一种怀古思幽之情。年代价值通过视知觉就立即可以表明自身，直接诉诸我们的情感。它无须像历史价值一样要获取有关详尽的历史事实，而是要联系建筑遗产本身的历史重要性、真实性来衡量。可见，年代价值本质上是审美性的情感价值，它诉诸直观感受和当下的情绪体验，是构成建筑文化遗产乡愁价值的重要来源。

建筑遗产所呈现的乡愁价值是一个包容性很强的概念，既是一种特殊的审美价值，又是一种特殊的情感价值。它并非单一的如和谐、温暖、愉快等情感色调，还包括静谧、孤独的感觉，也能够引发惆怅、忧愁、惋惜、忧郁等与愉快相对立的情感色调。尤其是建筑审美意象所体现的人生感、历史感、沧桑感等意蕴，往往更容易使人感到莫名的惆怅、伤感，或可称之乡愁，但这种感受其实正是一种美感体验。建筑并不是砖瓦沙石等物无情无绪的堆砌，建筑不仅是一种物质产品，也是一种能够营造意象的精神产品，尤其是人们在面对古建筑遗物时，能感受到一种他们称之为"建筑意"的审美体验，它不是单凭感官就可以获得的，需要一种深层次的、潜意识里的想象与感慨，是一种有着丰富文化意味的乡愁感。

乡愁价值是建筑遗产的一种特殊的衍生价值，它既是一种以场所感为核心的情感价值，又是一种与岁月价值紧密相关的具有复杂情感色调的审美意象。这种乡愁价值，一方面作为人们共有的情感记忆，彰显了似水流年中建筑场所的不朽特质与历史痕迹；一方面又与生生不息的现实联系在一起，呈现出旧与新的对话、毁坏与建设之间的反差。建筑遗产因而既具有过去性又具有当下性，所以它唤起的情感体验，既可能是对民族、地域和乡土的熟悉感、认同感和自豪感，也可能是"时至自枯荣"般的伤感和忧郁。同时，乡愁的情感力量在推动建筑文化记忆传承中还发挥着不可小觑的作用。

第二节　建筑遗产保护规划

一、建筑遗产保护规划的概念和体系

近年来，建筑遗产保护得到了广泛的重视。但是有关建筑遗产保护规划的制度和要求并不健全，使建筑遗产保护的质量受到了不同程度的影响。传统建筑遗产保护规划的实现过程非常简单，通常是"政府委托—规划编制—规划实施"这种简单的"三段式"体系。

规划编制是核心环节，也是唯一的技术环节。在过去很长的一段时间内，建筑遗产保护规划都更接近传统意义上的规划，规划的重点对象是环境风貌、建筑本体以及相应的历史和环境要素。可以说，传统保护规划对实物要素和时空主体的研究是相当充分的，但对社会和经济等方面的问题却缺少理性的和定量的分析。在解决社会和经济问题时多数是凭规划人员的经验和主观判断，或者服从于政府官员的主观意愿。因此，当保护工作出现问题时，人们通常会把原因归咎于规划质量问题或政府的不恰当干预。其实，这并不是产生问题的真正原因。真正的原因在于现有的建筑遗产保护规划体系和新的需求之间存在矛盾。

建筑遗产保护的第一次需求产生于 20 世纪 90 年代。迅猛的城市化进程对建筑遗产产生了严重的威胁，大量的建筑遗产保护工作被迫展开。这一阶段是建筑遗产损失最严重的阶段，也是保护工作真正开始的阶段。对于保护而言，迫切须要解决的是古建筑生存空间、保护意识、保护思路及法制等问题。由于这一时期规划的编制无论在量上还是在质上都没有达到一定的水平，传统的三段式体系并没有暴露太多的问题。

进入 21 世纪以后，建筑遗产保护出现了第二次需求。经过多年的洗礼，留存下来的优秀历史建筑的生存问题已经不再是最主要的问题。如何应对复杂的社会、经济现象，引入先进的管理手段和管理工具，利用和整合各种社会资源，以及如何拓展保护工作的内容，加强技术手段，切实保护好现有的建筑遗产，减少不可逆转的损失，成为这一阶段的新需求。

新需求与以往的要求的本质区别在于：社会现象的复杂性引发的不确定因素和不可知因素增多，这要求规划成果要适应复杂的现象并增加精确性和可控制性。在新的需求下，建筑遗产保护发生了质的变化，它不仅仅是空间和实体的保护，而且是调和复杂社会现象和保护要求的一种行为。原有的规划体例和生成过程已经无法承担全部任务了，它需要更多的环节，以便整合更多的资源，解决更复杂的矛盾。因此，在传统规划生成过程的前端、中间和后端都产生了外延，形成了一个大致由"咨询—委托—咨询—规划—预测—实施—使用管理和维护"组成的过程。其中的每个环节都应该以制度的形式确立下来，取代简单的三段式体系。

二、历史文化街区的保护规划

近年来，随着经济的快速发展及人口的增加，历史街区文化遗产赖以生存的环境正日益受到侵蚀。目前的历史文化街区保护规划中采用的大多是传统方法和手段，使得历史文化街区保护规划无法做出科学的分析和规划决策，从而导致一些规划设计总体质量不高，城市发展面临巨大的开发压力。由于传统的方法和技术手段难以满足当前历史文化名城保护规划形势发展的需要，因此探索用新技术、新手段来解决历史街区现状调查、保护规划编制与管理中遇到的问题成了当务之急。

（一）历史文化街区保护规划概述

1. 历史文化街区的相关概念

经省、自治区、直辖市人民政府核定公布应予重点保护的历史地段，称为历史文化街区。历史文化街区应具备保存文物特别丰富、历史建筑集中成片、能够较完整体现传统格局和历史风貌，以及构成历史风貌的历史建筑和历史环境要素基本上是历史存留的原物，并具有一定规模的区域。

2. 历史文化街区的构成要素及特征

（1）历史文化街区的构成要素

历史文化街区的构成要素共包括四类：

①建筑，历史形成的各类建筑及对历史环境有积极意义的建筑。

②空间，主要指历史形成的道路与街巷系统及其线形、宽度、空间尺度、景观特征与各类公园、街头绿地、绿化庭院、古树名木、广场、街道交叉口等。

③肌理，主要指历史形成的街巷、建筑及其布局所形成的城市肌理特征。

④重要的历史场所，以及其文化、生活、社会结构、非物质文化遗产等。

（2）历史文化街区的特点

历史文化街区不是一个场地，而是一个城市空间的"场所"，因为它会与城市昔日的社会、文化、历史人物之间发生关联，让我们能睹物思人，从中获得文脉的意义，凸显出一个城市的地域特色和悠久历史。

作为社会空间，历史文化街区展现出场所的空间与场所精神。历史文化街区作为一个场所，以规模、布局、尺寸表现出来空间形态作为社会空间的一个组成部分，能将历史文化和现实生活联系到一起，让人不禁在怀旧的氛围下感受历史环境和城市传统的风俗文化，引发个人感情，形成特有的场所精神，标志着城市的悠久和文明历史。

历史文化街区是展现历史与地域的环境空间。历史文化街区能够展现出它的场所精神，是因为它存在是时间和空间。场所的物理属性包括两部分，即空间和其地域特色。空间是指构成场所边界的主要元素，地域特色是形成场所的主要因素。之所以说历史文化街区是展现历史与地域的环境空间，是因为它唤醒了人们对昔日美好生活的记忆与感情，实现了人们对于不同文化的体验需求。

历史文化街区是以市井文化为特征的生活空间。历史文化街区是一种活态的城市遗产，让我们隐约可以感受到城市历史的发展脉络和独特韵味，它一直参与城市的现实生活，保有着历史真实感。所以，除了空间物理属性外，它是一座充满生活感情、想象与热情的历史文化区。

（3）历史文化街区保护规划的内容

包括历史文化街区整体空间环境，如街巷布局、整体风貌、街区空间环境等；古旧街区、地段、居住区、文物古迹、古树名木、近代史迹和具有纪念意义的历史性建筑；街区内的风景名胜、传统文化、民间工艺、地名遗存和民风民俗等文化遗产。

（二）历史文化街区保护规划历程

1. 历史文化街区保护规划萌芽时期

工业革命的出现加快了城市建设，但也对一些具有珍贵历史价值的街区和环境造成了严重破坏，在这之后，人们对旧城复兴和住宅生活环境改善的重视程度逐渐提升。现代意义的保护工作最初源于对我国古建筑的考古研究，之后进入历史文化街区保护规划的萌芽时期。在该时期内，我国主要对单体建筑、遗迹和构筑物等进行保护，但对周边风貌和文脉则存在一定的忽视，因此所采取的保护策略多从控制性保护层面出发，并从城市保护规划体系中的物质层面进行历史文化街区的景观改造工作。

2. 历史文化街区保护规划完善发展时期

20 世纪 50 年代以来，人们对历史文化街区进行了部分综合性的开发、拆除，并重新规划了相关城市道路。这种现象最终引起了人们的反思，进而引发了历史保护运动，政府层面和公众层面也提供了大力支持，尝试对历史环境实现系统化的保护。在这之后，随着建筑保护体系的日益完善，第二次历史保护的核心逐渐转变为对历史建筑群、建筑环境以及城市景观地域性规划建设，进而实现从保存到保护的过渡，使其能够更好融入城市风貌。我国在此时期尚未实现改革开放，人们对历史建筑的价值也未有足够的认识。之后，随着经济的快速发展以及人们受教育程度的提高，城市历史底蕴的价值开始被重视，大量文物和古迹得到了有效保护。因此，发掘城市历史文化底蕴，对历史遗存进行保护和复建，并将地域性元素融入现代规划理论之中势在必行。

3. 历史文化街区保护规划全面深入时期

当代，历史文化街区的保护规划研究成果和角度变得更加多样，更新模式和实践经验也在不断积累，这极大地丰富了相关保护理论体系。21 世纪以后，历史文化遗产保护人员对相关历史文化街区的功能复兴和强化也加大了关注度，并形成了一系列更新理论，具有动态化和可持续性的特点。历史文化街区所具有的独特性主要体现在其历史基础和现状信息等方面，因此在全面深化阶段，对历史文化街区进行保护规划不仅要实现物质保护和经济振兴，还要恢复文脉和历史风貌。但部分历史文化街区被改造成了商业街区，相关保护措施和模式也存在一定漏洞，对此相关部门要深入研究如何继承和保护历史文化街区，并有效体现出本土化特征。在对历史文化街区进行保护规划时，要有效地体现出城市肌理、空间形态、场所感以及认同感，从而有效继承和发展艺术与民俗，凸显城市的文化内涵，打造出良好的城市特色形象。这样可以为城市吸引到更多的投资、就业以及旅游机会，使城市更能体现地方特色。

历史文化街区的形象研究经历了漫长的过程，其形象由片面逐渐到完善，保护对象从个体逐渐到整体，保护程序也在不断发展中，从原本的成立保护机构到逐步完善保护章程。与此同时，相关保护理论从最初的启蒙阶段实现部分保护到现在理性阶段达到整体保护、利用、发展。这些都表明历史文化街区的保护研究工作变得更加系统化，有效延续了历史文化街区的文脉。

（三）历史文化街区的新时代改进策略

1. 调整规划编制时间

在历史街区的保护开发过程中，规划编制是后续设计的前期准备工作，对后续相关工作的开展也具有制约作用，如果规划编制不够完善，将会对后续设计产生相应的影响。我国历史文化街区的申报和规划编制等相关工作通常要在较短时间内完成，这也导致调查研究的时间相对较短，无法充分、全面、系统地进行调查。尤其在历史文化街区的规划编制和后续设计调查方面，工作人员往往对社会经济、土地利用以及人口信息等十分重视，但对人文环境等非物质要素存在一定的忽视，因此在对同一街区开展调查工作时，其结果往往存在重复性。对此，相关部门要对规划编制的时间进行调整，延长调查研究的时间，确保相关调查工作的充分开展，这样不仅可以提升规划编制质量，还能够提高后续设计水平，使相关调查结果更具有准确性和代表性。

2. 城市、历史文化街区、社区联动保护

现阶段，我国历史名城保护规划体系主要包括历史文化名城、历史文化街区与文物保护单位三个层次，但在实际开展保护工作时，其保护内容之间存在断层。第一，历史文化街区的保护规划应与城市规划相结合，城市建设应该与该城市的历史文化之间具有相同或相似的肌理组成和历史文脉源头。第二，目前多数城市建设将城市和历史文化街区割裂，但历史文化街区的保护规划应该与城市环境和空间联系到一起，不能忽略历史街区服务大

众的功能和用途，因此应将历史文化街区融入人类城市实践中，避免存在局限性。历史文化街区自身大多缺乏基础设施，相关功能的运转无法满足现代化的建设需求，因此通过新老街区之间的联动，可以使历史文化街区的复兴压力得到缓解，使历史文化街区的产业、交通以及经济和基础设施方面的压力得到有效缓解，从而促进历史文化街区的健康发展。第三，历史文化街区所具有的社区功能能够充分体现街区的整体性和有机性，通过保持历史文化街区良好的运行状态，提升整个城市的魅力，带动城市发展。因此，历史文化街区的重点保护工作应为功能性保护。

3. 信息技术应用

在信息时代背景下，历史文化街区的保护可借助互联网，通过对互联网平台的有效运用，推动相关行业的发展，促进旅游开发。"互联网+旅游"并非只是二者的简单相加，而是在信息技术发展的基础上，对其进行有效利用，为相关行业构建良好的信息平台，使二者产生有机联系，构建新型生态环境。除此之外，传统旅游功能目前已经无法满足新时代的发展需求，对此，要借助互联网平台使传统观光旅游向精神文化型和创新型转变，实现"互联网+旅游"的创新融合，提升旅游业的服务水平，推动旅游产品的拓展，从而提升历史文化街区的经济价值。因此，相关部门要对互联网平台进行有效运用，将其与历史文化街区旅游进行有效融合，全面提升历史文化街区的商业价值，使更多人了解到相关历史文化遗址，感受城市深厚的文化底蕴，增强人们对历史文化街区的保护意识，促进相关保护工作的深入开展和全面落实。

三、文物保护单位体系的保护规划

文物保护单位体系保障系统各项措施的落实，对整体文物保护体系的建设至关重要。文物保护单位防范保障系统主要包括政策法律保障、标准规范保障、规划与计划保障、机构（组织）保障、经费（财政）保障、科技保障和安防预案系统等，它们是文物保护单位防范工作的依据，是文物保护单位安全的重要保障。

（一）规划与计划保障

1. 制订文物保护单位技防建设规划

制订文物保护单位防范特别是技防设施建设规划和计划，对保障其技防设施建设发展、完善，保护文物保护单位安全有着重要作用。为了落实新的《文物系统博物馆风险等级和安全防护级别的规定》，将技防设施建设纳入规划并有计划地进行，第一，应在制订、修订文物事业长期发展规划时，增加对文物保护单位风险等级达标的规划内容。第二，文物保护单位数量大、种类多、情况复杂，贯彻落实《文物系统博物馆风险等级和安全防护级别的规定》要求，分期分批完成风险等级达标，是一项巨大的系统工程，因此应进一步调查研究后再制订文物保护单位技防设施建设专项规划。第三，由国家和省级文物行政主管部门，分别制订全国重点文物保护单位和省级、市、县级文物保护单位技防设施建设规划。其内容既可以是包括各个类别的文物保护单位，也可以是古建筑塑像、石窟寺、石刻、古墓葬等某类文物保护单位。

2. 制订文物保护单位技防建设计划

文物保护单位技防设施建设规划，只有通过年度计划的实施才能真正落实，否则将会落空，失去规划的效力和作用。特别是经费投入办法的改革，即实行预算管理制，没有列入年度计划的文物保护单位技防设施建设项目，就没有经费投入。因此，应重视年度计划制订工作，省级文物行政主管部门在制订文物工作年度计划时，应把文物保护单位技防设施建设项目纳入计划，争取立项，按计划进行建设。

（二）机构保障

文物保护单位特别是全国重点文物保护单位和省级文物保护单位的保管机构和人员队伍建设，是文物保护单位各项防范工作落到实处的组织保障。《文物保护法》对文物保护单位应区别情况，设立专门机构或专人负责管理，并做出明确规定，为保管机构和人员队伍建设提供重要法律依据。

1. 建立专门文物保管机构

目前，文物保护单位保管机构从总体上说可分为两种：一种是市县文物保管机构负责该行政区域内文物保护单位的保护和管理工作；另一种是为文物保护单位特别是全国重点文物保护单位和省级文物保护单位建立的专门保管机构，负责该处或几处文物保护单位的保护和管理工作。就全国重点文物保护单位和省级文物保护单位而言，以设立专门机构负责管理为宜，以充分发挥专门机构的职责和保管效能，为该文物保护单位的有效保护、安全防范发挥其作用。

2. 文物保管机构的职责

文物保护单位专门保管机构的主要工作有：文物调查（包括考古调查）、文物保护、维修、藏品保管、建立记录档案、文物宣传、陈列、文物保护单位开放、安全保卫、管理等。由于文物保护单位的类别不同，其专门保管机构的主要工作也有区别。但安全保卫工作是每一个专门保管机构的主要工作之一。

3. 文物保管机构的制度建设

文物保管机构特别是专门文物保管机构，由于其保护管理的对象（不可移动文物）类别不同，在职责方面也有一定区别。每个专门文物保管机构应根据其职责，研究制定各方面的工作规定，建立健全各项规章制度，通过各种规定规范工作，使各项工作有章可循。就安全防范而言，应制定安保人员上岗条件、上岗培训、岗位职责、安全责任、安全检查、安全奖励、责任追究等方面的规定。规定是一种保障，但要执行和落实，才能发挥其保障作用。

市县文物保管机构和文物保护单位专门保管机构是文物事业的基层单位，对这些机构和人员队伍建设应给予高度关注。关注基层，加强基层建设，是做好文物保护、安全防范工作，发展与繁荣文物保护事业的重要前提条件之一，相关部门应当在政策、经费、科技、培训等方面给予支持。

（三）经费保障

经费支撑是文物保护单位防范措施实现的财政保障。根据《文物保护法》规定，县级以上人民政府应当把文物保护事业所需经费列入本级财政预算。文物保护单位的防范是文物保护事业的重要组成。

1. 人防与物防经费

人防经费主要是文物保护员补助费、工作人员夜间补助费等；物防经费主要是安装或加固门窗、建围栏或保护墙等所需费用。这两种经费一般应列入当地财政预算。

在实际工作中，许多地方财政困难，无法解决或者只能解决一部分所需经费，使人防和物防工作受到不同程度的影响，特别是影响了田野文物的保护工作。为了加强田野文物保护，在经费上给予支持，一些省采取了不同措施，效果较好，其方法主要有四种：第一种，列入财政预算。第二种，省文物行政主管部门和省财政主管部门共同确定，全国重点文物保护单位和省级文物保护单位的保护员经费，由省财政列入预算，拨给省文物行政主管部门，由其分配下拨；市、县级文物保护单位保护员补助经费，由市、县财政列入预算。第三种，省文物行政主管部门与财政主管部门共同确定，在省文物保护补助经费中，增加重点古墓葬保护费项目，增加文物保护补助经费额度，由省文物行政主管部门分配给有重点古墓葬保护任务的县（市）文物部门，主要解决保护员补助费等问题。第四种，文物保护单位要在物防设施投入较多时，一般由省级文物行政主管部门将其列入文物保护补助经费项目，给予补助解决。

2. 技防设施建设经费

文物保护单位根据其级别，分别列入一、二、三级风险单位，按照《文物系统博物馆风险等级和安全防护级别的规定》，建立健全技防设施。这是一项巨大的工程，要投入大量基金，没有经费保障是无法完成的。

为了有计划、有步骤地完成文物保护单位技防设施建设项目，首先应制订规划和总预算。这笔经费只有分别列入国家和省级财政预算，拨出专款，由国家和省级文物行政主管部门组织实施，才能有保障。

在国家和省级文物保护补助经费中，可逐年安排全国重点文物保护单位和省级文物保护单位技防设施建设项目，对于风险大、亟须建设的技术防范的项目，应优先安排。

第三节　共生理论视角下的建筑遗产保护与利用

一、共生理论的概念与内涵

（一）共生理论的提出与发展

"共生"这一概念首先出现在生物学中，是由德国真菌学家德贝里于19世纪70年代末提出的。强调生物之间相互依存的关系，并将共生定义为不同种属生活在一起，进行物质交换、能量传递。"共生城市"的概念，将地球当成一个有机生命体，每个城市是这一有机生命体下的组织，城市之间最好的运行模式是互惠互利的"共生系统"。可以说，目前，共生理论在经济学、社会学、建筑学、环境学等各个领域都发挥着重要的指导作用。

（二）共生理论的内涵

随着共生理论在不同领域中的运用，其内涵也发生了一些变化。

1. 生物学领域

共生是不同种属生活在一起；两个或多个生物在生理上相互依存程度达到平衡的状态。主要观点为共同生活、互惠共生、相互依存。

2. 经济学领域

运用共生度、共生要素、共生系统分析经济学相关问题。主要观点为共生要素、共生系统。

3. 社会学领域

强调共生、共同、同异质的综合互补；通过斗争与妥协的互动达到共生。

4. 建筑学及城市规划领域

承认区域和创造中间领域是共生成立的条件；区域共生是多主体、多层次、多元化的，遵循适度、平等、互惠互利等原则；城市共生关系是多主体、多层次的共生。主要观点是共生城市、共生关系。

5. 环境学领域

共生环境是人为的生机环境；共生和循环是低碳经济社会背景下的城市园林绿地建设思路。

通过对生物学、经济学、社会学、建筑学、环境学等各领域中共生理论内涵的综合分析，可以总结出一个适用于建筑遗产保护与利用的综合性共生理论概念界定："共生理论"是基于共生双方视角，以建立良性互动并产生相互作用的理论。从共生双方的作用范围来看，共生不仅局限于系统内部，也涵盖系统和系统、系统和个体以及个体和个体之间的关系，强调整体性、多样性共生发展。"共生"并不是指"共栖"这种共同存在却相对独立的情形，也不是指"依存"这种依附一方并且单向交流的存在，而是寻求共生双方之间的共同发展与合作，以期建立起一种互惠共生、积极互动的良性共生关系，最终达到双方共赢的可持续发展状态。

二、共生理论的三要素及其相互关系

（一）共生理论的三要素

共生理论包括三个基本要素，即共生单元、共生环境、共生模式，三者之间通过相互作用构建出一个完整的共生系统。

1. 共生单元

共生单元是共生系统的基本单元。每一个不同的共生单元在完整的共生系统中的属性均不相同。为了能够更好地在环境中生存，每个共生单元要相互连接与互动，形成共生的关系链，并从共生关系中获取能量，实现共同进步。

2. 共生环境

共生环境是由共生单元之外的各种因素共同构成的。根据共生环境产生的作用可以划分为正向环境、中性环境和反向环境。正向环境对共生单元可以产生促进作用；反向环境对共生单元会产生消极作用；中性环境则无作用。

3. 共生模式

共生模式是不同共生单元之间相互作用的方式。不同的共生模式对共生单元的影响各不相同。因此，共生模式可以决定共生单元之间是以哪些方式相互影响。共生模式的形成也包括共生环境对其的影响。

（二）共生三要素的相互关系

共生三要素共同形成了一个共生系统，相互间联系密切、不可或缺。共生单元是共生系统发挥共生效应的作用对象，共生单元的自身特点和共生环境的个别差异都能影响共生模式的最优化营建。同样，共生模式也能刺激共生单元和共生环境的发展。只有发挥共生单元的最大优势，优化内外共生环境，选择恰当的共生模式，才能实现最高层次的共赢共生。

三、共生理论的基本特征

共生理论的基本特征在社会学、经济学、环境学等学科领域都大致相同，其所呈现的特征主要表现在以下几个方面：

整体性：强调事物是整体发展的，属于包容性的整体发展。

多层次性：认为事物是多层次的共生，无论级别高低。

多样性：强调共生的多样性及开放共享，能实现内外的共生和共同繁荣。

共进性：共生单元之间相互依靠和促进，但依然是独立的个体。

自组织性：共生单元根据其固有的需要，自发地形成某种特性相统一的生存方式。

开放性：共生系统中的共生三要素都是开放共享的。

互主体性：共生一方面是异质的融合共存，但另一方面又互相独立，二者之间具有互为主体性。

四、共生理论引入建筑遗产保护与利用的适用性及价值意义

（一）共生理论对建筑遗产保护与利用的适用性

1. 宏观层面：共生是促进建筑遗产与城市共同发展的长久动力

随着城市的不断更新与发展，城市中遗留下来的建筑遗产与城市逐渐成为对立与竞争

的关系。破旧的建筑遗产不仅对城市形象具有消极的影响，也占据了大面积的土地。如果不对现存旧建筑遗产采取措施，那么将会变成城市发展的巨大阻碍。

共生理论为实现建筑遗产与城市的和谐共处、相互促进提供了良好的指导与借鉴作用。建筑遗产与城市各自具有的特色机制是二者相互促进与发展的条件，也是建立共生关系的基础。在这一过程中，建筑遗产与城市都要发挥自己的优势，为共生关系服务，并从共生关系中获得对方的帮助，从而获得更好的发展。因此，从宏观上来讲，共生是促进建筑遗产与城市共同发展的长久动力。

2. 中观层面：共生是促进建筑遗产保护与利用"进化"的根本机制

对城市与建筑遗产之间的矛盾，众多实践都证明了拆除并不是唯一且最好的方法。在"存量规划"的时代背景下，对建筑遗产进行保护与利用，从而提升价值、传承历史，使其成为城市发展的潜在推动力，逐渐成为建筑遗产保护与利用的主要目标。而共生理论则为实现这一目标提供了强有力的支撑，它主张以激励、互动的方法对建筑遗产进行改造，而非"连根拔起"，有利于促进城市建筑遗产的可持续发展。

3. 微观层面：共生理论的特征与建筑遗产特征的耦合性

把共生理论引入建筑遗产的保护与利用之中，不仅符合学科之间的跨界趋势，而且具有典型的耦合性特征。

（二）共生理论对建筑遗产保护与利用的价值意义

共生理论能为解决建筑遗产目前面临的困境提供新的理论视角。在共生理论的指导下，通过营建能够提升城市活力的共生模式、建立正向的内外共生环境、重塑共生单元等方式对建筑遗产进行渐进的保护性更新，释放建筑遗产的价值潜能，这对建筑遗产保护与利用具有重要的指导意义。

1. 有助于延续建筑遗产的历史文脉

与大拆大建的方式不同，在共生理论指导下的建筑遗产保护与利用强调通过建筑遗产与城市的相互作用构建一个共生共荣的系统，并不会破坏建筑遗产的文化背景内涵，新旧单元、环境的共生也可以有效控制再利用对建筑遗产的影响。因此，共生理论的引入有助于延续城市文脉，增加城市的多样性。

2. 有助于丰富建筑遗产的功能业态

目前，建筑遗产表现出单一化的状态，如何在建筑遗产中系统地形成多样功能被认为是其保护与利用的关键。共生理论倡导对不同的元素进行整合，在其指导下，通过调整建筑遗产功能，使之与周边业态互补与融合；通过对不合理功能布局的优化，改变其混乱的现状，使建筑遗产朝着多样性与复杂性的方向发展，有利于促进整个城市业态空间的共融。

3. 有助于带动建筑遗产、周边与城市的共同发展

基于共生理论的建筑遗产保护与利用可以带动其自身、周边区域与城市系统的互动，在整体与和谐的基础之上进行互惠共生，进而实现共生的多样化。通过人们活动与城市生活的融合，带来三者之间的紧密联系，最终实现建筑遗产、周边区域及城市的共生共荣。

五、基于共生理论的建筑遗产保护与利用体系构建

（一）建筑遗产保护与利用的共生要素

1. 建筑遗产的共生单元

共生单元是构建与城市共生的建筑遗产设计的重要内容之一。它由三个部分组成：建筑单元、景观单元和公共设施单元。在建筑遗产共生单元这个小型系统中，三个单元之间关系紧密且互为补充，以实现共同进步，获取更好的发展状态。因此，在建筑遗产保护与利用的过程中，应重点关注共生单元之间的和谐与共生关系。

2. 建筑遗产的共生环境

建筑遗产在城市这个大系统中，它的交通、文化、生态等各方面的情况都与城市的发展密切相关。并且，建筑遗产共生单元之间的关系及相互作用，也是在一定的环境中产生和发展的。积极正向的共生环境可以促进共生模式的形成，反之将产生消极作用，影响建筑遗产与城市的良性互动。

3. 建筑遗产的共生模式

建筑遗产的共生模式是指建筑遗产与城市彼此取长补短，以实现两者共同发展。因此，在共生理论的指导下，建筑遗产应从确定适合自身发展的模式出发，营建共生模式，指导共生环境与单元的发展方向。

4. 建筑遗产共生要素的相互关系

在构建建筑遗产与城市共同发展的共生系统中，营建建筑遗产的共生模式是关键，共生环境的整合也对共生模式选择具有指引作用。同时，建筑遗产的共生单元也是城市系统的子单元，是在共生模式中进行物质交换的基本内容。

建筑遗产的共生单元、共生环境及共生模式具有相互的作用力。共生模式的营建一方

面应结合工业建筑遗产周边的实际情况，适应社会发展的需求，另一方面要对共生单元进行详细的分析与特征匹配，使之优化协调。同时，要考虑共生单元所处的共生环境对整体共生的影响，整合其有利因素。共生单元与共生环境的优化与整合也不是一步完成的，它们之间的关系表现为共生程度越来越高的过程，同时共生单元之间的关系受到共生环境和共生模式的影响，它会优先选择有利于提高自己的功能，能力强、匹配性能好的环境与模式，并随之发生相应改变。

（二）建筑遗产保护与利用的共生原则

1. 整体性原则

共生理论实质上指的是通过共生要素来带动事物本身，并依靠共生环境与共生模式使其融入周边地区，让二者不断从对方身上获得动力来完善自身，促进整体和谐共进的过程。建筑遗产从属于城市空间系统，只有通过对建筑遗产各要素进行优化与重塑，并借助能与城市环境、业态、文化、生态联动的共生环境与城市发展协同的共生模式，实现良性循环的系统，才能维持整体性的共生，最终发挥出建筑遗产的整体效应，并促进其与城市这一整体的共融共生。在此基础之上，对建筑遗产的保护和利用应遵循整体性原则。

2. 多样性原则

旧建筑遗产衰败的主要原因就是其职能空间过于单一，仅能为单一产业生产服务。因此，在共生理论指导下的建筑遗产保护与利用过程中，应通过多样化的业态、形态、模式等不断激发与创造不同的功能和空间，使其既能拥有丰富的功能、个性化的空间形态，同时又能丰富城市的功能业态与活动空间，营造出独特的活动场所与氛围。因此，对建筑遗产的保护与利用也应遵循多样性原则。

3. 可持续性原则

共生理论强调对立或矛盾的双方建立起一种互利的关系与共赢的发展状态，它要求不破坏其文化、精神内涵，同时要将物质层面的要素继续延续下去，具有可持续性。因此，基于这一原则，建筑遗产保护与利用应从以下三个方面出发：第一，历史文脉的可持续，保留建筑遗产中具有历史文化价值的部分，延续其文脉；第二，建筑的可持续，对建筑改造时尽可能保持其原真性，防止大拆大建，降低综合经济成本；第三，环境的可持续，一些建筑遗产由于生产技术落后、生产资料不环保等原因，对生态环境造成了恶劣的影响。基于此，在共生理论的指导下，应对生态环境进行修复，达到环境的可持续性共生。

（三）建筑遗产保护与利用的共生方法

建筑遗产的保护与利用是一项复杂的系统工程，在共生理论的指导下，其共生方法可以分为三个内容：营建共生模式、建立共生环境、重塑共生单元。

营建共生模式：明确城市建筑遗产的相关背景，选择符合建筑遗产自身资源与周边条件的正确发展模式，在弥补以往单一模式的同时，增强城市与建筑遗产空间的互补性，找到建筑遗产与城市实现多维度共生的方向，与城市建立互惠共生的关系，带动城市与自身的共同发展。

建立共生环境：建筑遗产是城市中的一部分，若想使其与城市共生，必须连通建筑遗产与城市的交通、文化、空间及生态等各方面，建立正向的内外部环境，构建完整的共生环境网络，最终提升内外环境的良性互动关系。

重塑共生单元：通过对建筑、景观、公共设施等建筑遗产内部最基础单元的重塑，提升其服务功能、形象水平，并建立共生单元之间的联系与互动关系，促进共生效应的发挥，以便使建筑遗产更好地融入城市生活之中。

（四）建筑遗产保护与利用的共生目标

目前，建筑遗产与城市的联系相对较弱，与城市景观、文化、形式、公共空间等方面的互动缺乏较全面的考虑。因此，建筑遗产的保护与利用在实现完善自身系统的同时，应从整体上与城市达到互惠互利、相互激励、共生共荣的关系，从而实现二者的共同发展。

1. 与城市空间及形态互动互利

建立建筑遗产与城市空间之间的互动与支持的关系，使建筑遗产与城市道路、公共交通相结合，增加其可达性与开放性，使之成为城市空间结构的一部分，而不是末端组织或隔绝空间，从而吸引大量人流，同时对城市公共交通起到带动作用，增加城市生活的空间。通过保留城市建筑遗产具有特色与价值的物质环境形态，可以增加城市形态的多样性。

2. 与城市经济及文化相互激励

基于共生理论的建筑遗产保护与利用，一方面，不仅要利用特色的功能、产业能带动本区域经济的复兴，而且还应促进周边地区的经济发展，并从城市中汲取能量，实现与城市经济多层次的共生发展；另一方面，建筑遗产是社会发展的见证者，也是文化的特殊载体，具有独特的文化价值。因此，共生理论指导下的建筑遗产的保护与利用不仅要通过保持其物质实体环境，实现文化的延续，同时也应注重保护其有关的非物质文化，做到精神的传承，从而增加城市文化的多样性，实现城市文化的共生发展。

3. 与城市景观及生活共生共荣

得到保护与利用后的建筑遗产应成为城市景观系统的一部分，并与城市景观在空间、功能等方面达到共享、共融的状态，承担起美化环境、保护生态等职责。此外，从共生理论的多样性、开放性等特征出发，建筑遗产相关设施与活动应不断外化，实现空间的共享，从而促进居民在建筑遗产中驻足与交往的产生，同时带动城市社会生活的开展。

4. 建筑遗产保护与利用的共生策略

共生理论的主要研究内容是共生单元之间的物质交流及合作共生的模式和环境。针对建筑遗产功能模式单一、形象改造同质化现象严重、文脉断裂、环境缺乏活力等问题，基于共生理论，结合共生三大要素与共生方法，从营建适宜的共生模式、建立正向的共生环境、重塑互补的共生单元三个层面来探讨建筑遗产保护与利用的共生策略，并通过加强三者的共同作用以实现建筑遗产与城市、经济、文化的多层次互惠共生。

（1）营建适宜的共生模式

共生模式是事物体现作用的形式，反映作用强度的具体表现。具体到建筑遗产与城市的共生模式，可以将其解读为建筑遗产与城市应该采用何种发展方式，才能使建筑遗产与城市相互利用彼此优势，弥补自己的不足，实现并增强二者的共同发展。

营建建筑遗产适宜的共生模式是建筑遗产保护与利用的首要内容。只有了解现有建筑遗产的共生发展模式，根据其自身特定的条件和发展需求去选择符合自身定位的共生模式，才能充分挖掘其深层价值和潜在功能，让建筑遗产在实现自我提升的同时，实现与城市的共生。

建筑遗产共生模式的分类：博物馆模式；景观公园模式；创意产业园区模式；混合型共生模式。

①博物馆模式是文化展示最直观的窗口，它注重对建筑遗产进行原貌保护，通过展示具有一定历史、文化、艺术等价值的建筑，发挥出建筑遗产的历史文化价值。博物馆共生模式通常包括以下三种类型：静态博物馆，通过对价值较高的建筑、设施进行保留与展示，引发人们记忆的情感共鸣，充分发挥建筑遗产所具有的历史价值和社会价值；综合文化博览园，由博物馆、公园、创意办公等多种内容构成，在展示文化的同时，达到教育、旅游、办公等目的；大型综合展览会场，通过利用建筑遗产的内部建筑空间，结合城市需求合理地融入展示主体，挖掘自身价值进行综合展示。

静态博物馆由多个室内展览区、景观环境、服务设施等要素组成。场馆在对原有建筑遗产结构体系系统分析的基础上进行规划，保留了遗产价值较高的建筑遗产，并将其转化为博物馆展厅，利用遗留下的建筑形式与空间做进一步展示。

综合文化博览园通常是由尺度较大的建筑遗产区域改造而成的，它将园内划分为博物馆、公园、创意办公等多个功能板块。它以博物馆为内核，通过对周边建筑遗产进行创意改造、植入办公、休闲旅游等形式，打造创意产业聚集地。

大型综合展览会场是博物馆共生模式的一种特殊形式，它主要针对具有较高技术、艺术、审美等价值，但所承载的历史内涵并不能支撑性会场，同时可以与城市发展需求相结合，通过对建筑使用空间的合理利用，整合内外环境，保留原有特征，打造成符合城市需求的大型展览空间，增强其开放性的同时提升人们的参与感。

②通过对建筑遗产地进行规划与设计，为人们提供多样的休闲活动空间。根据保护利用程度和使用方式的不同，景观公园模式主要分为景观公园、滨水开放空间和城市绿地公园三种类型。

景观公园是通过对建筑遗产地上废弃的构件、设施等工业要素进行艺术性加工与再创造，挖掘场地、资源、设施的价值潜能，利用巧妙的手法转化其使用功能的一种形式。它有利于传承历史文化，形成别具特色的城市公园景观。

滨水开放空间。凭借紧邻滨水的区位条件，可以对建筑遗产周进行统一规划与设计，将其塑造成一个承载休闲、运动、娱乐等多功能的城市滨水开放空间。在公共空间的设计上，这种形式强调多种活动空间的叠加，能够增强公共空间的活力与氛围，同时进一步提升滨水环境的品质。

城市绿地公园指的是通过对相对价值较小的建筑遗产进行合理修缮与改建，并结合周围场地进行因地制宜的规划与设计。它能够改善城市生态环境，在为人们提供城市公共休闲空间的同时，实现城市绿地公园的生态复苏。

③创意产业园区模式。在国内外工业建筑遗产保护与利用的过程中，采用最多的就是创它主要是针对城市中早期的老厂房、旧仓库等要素进行创意改造，通过对开敞建筑的高大空间进行随意分隔和组合的手法，结合创意产业，将工业建筑遗产改造为私人工作室、商铺、餐饮等特色功能空间。创意产业园区模式通常有"艺术主导型""设计主导型""科技主导型"和"综合主导型"四种类型。创意产业园不同的主导类型所倾向表达的内容有所不同，所呈现的特点也不尽相同，但四种创意产业园区类型都是以人群活动为中心，通过艺术交流、新鲜元素、产品的聚集等方式来吸引人流，达到激活场所公共活动空间的目的。有利丁带动城市文化创意产业的发展，增加城市文化魅力，实现城市的繁荣。

需要说明的是，上述这些模式彼此之间并不是孤立、矛盾的，而是一种相互联系、补充的关系。建筑遗产的不同共生模式是构建城市多维度共生发展方向的重要指标。并且，创新建筑遗产的共生模式，整合政府、市场、社会多方力量，才能让建筑遗产与城市发展之间的联系更加紧密，建立起一种更加互惠共生、积极互动的良性共生关系，最终达到城市与建筑遗产的共生可持续发展。

（2）建立正向的共生环境

共生环境指的是建筑遗产区域重要的外部条件，其与建筑遗产之间存在着相互作用，二者通过物质、信息等方面的交流产生影响。然而，这种影响可能会产生促进作用，也可能无明显作用，甚至造成消极的结果。如果想让建筑遗产与城市建立一种正向的互惠共生的关系，则要对建筑遗产的交通环境、文化环境、空间环境和生态环境进行完善，并强化建筑遗产内外环境的连接，建立内外融合的空间形态，达到整合建筑遗产的共生环境的目的。

（3）协调交通共生环境

为满足过去的生产运输需求，建筑遗产的交通运输体系大多区别于城市道路系统，自成体系，无法与城市串联，也无法满足现有城市系统的共生需求。因此，建立正向的共生环境需要从建筑遗产内外交通环境出发，整合交通环境，增强可达性，从而实现内外交通环境的互惠共生。

（4）对外加强城市道路的连接，与公共交通共生

在现有城市开放共享的要求之下，建筑遗产保护与利用应对场地的围墙进行拆除，打破原有的封闭性。同时，通过打通或增设道路，加强与现有城市道路的连接。建筑遗产与城市道路的对接形式可以分为三种类型，即环绕式、分割式、串联式，不同的形式具有各自与道路连接的注意事项。建筑遗产应根据其自身的区位条件和交通状况进行合理的规划，从而通过与外部城市道路进行有效的连接，促进建筑遗产与城市共生效应的发挥。

在对接道路的基础之上，应该健全建筑遗产附近的城市公共交通。在对建筑遗产进行重新改造时，应注重公共交通的规划与后期实施，同时结合周边公共需求，提高公共交通设施的服务效率。一方面，健全周边公共交通工具，强化公共交通的运营力度；另一方面，合理配置多种交通换乘工具，提升换乘效率。最终增强建筑遗产的外部可达性，带来更多人气与活力，实现对外交通环境的共生。

（5）增设交通辅助设施，与道路系统共生

建筑遗产的内部道路虽然有着良好的基础，但从后期的人群需求来看，道路等级较为模糊，缺少人行道路，道路系统整体来说并不完善。因此，在保护与利用过程中，应对区

域内部交通系统进行重新规划，实现道路分级、人车分流，保障行人步行的安全感。

近年来，随着人们出行方式的不断变化，共享单车已经融入大众的生活。同时，人们更加关注自身的健康，慢跑等锻炼方式受到了人们的欢迎。因此，在有条件的建筑遗产区域，可考虑将慢跑道和骑行道纳入道路系统之中，打破原先只能"步行"的慢行体系，构建新的慢行系统，将建筑遗产与城市从内部更好地串联起来。

（6）塑造文化共生环境

文化环境是抽象的、无形的，文化环境不仅包括建筑遗产所遗留的物质、制度和精神文化，也包括其周边经过长时间融合、沉淀所形成的城市文化。然而，由于建筑遗产独特的空间特性，其不像商业文化那样先天根植城市文化之中，处于一个较为独立的状态。但其自身所具有的独特文化魅力是不可替代的。因此，为了完善文化共生环境，一方面，城市文化应该"走进来"，通过多样文化活动加强二者之间的融合，赋予建筑遗产新的时代意义；另一方面，传统文化也要"走出去"，让更多的人领略其内涵，扩大其辐射面。这样才能使多种文化融合，促进建筑遗产与城市的文化共生。

（7）植入多样城市文化，赋予遗产现代意义

多样文化活动是植入城市文化、塑造城市建筑遗产文化共生环境的助推器。通过在建筑遗产区域举办不同的文化活动，如音乐会、戏剧节、文化节等，可以实现城市文化之间的融合与演绎，从而拉近不同文化之间的距离，促进其共生。此外，多样的文化活动还能丰富大众生活，让更多的公众积极参与其中，使建筑遗产成为人们日常生活的一部分，使其具有更大的现代意义。

（8）整合城市多元文化，加强文化产业合作

整合城市多元文化的目的是找到契合点，便于让建筑遗产所遗留的独特文化融入其中，从而使不同的文化资源建立连续性的动态平衡，在提升文化资源的共生关联度的同时，增强城市文化环境的综合实力。

在具有融合性的、多样的文化产业中，人们不仅能够感受到建筑遗产的独特气息，不断传递传统的文化及精神。而且其他文化产业也因建筑遗产的融入而显得别具一格，其吸引力也得到了提升。还可以结合文化旅游产业，让游客在参观建筑遗产过程中，体会到其所具备的历史文化内涵，促进文化的传承。利用建筑遗产发展创意产业，不仅能为创意产业提供特殊的环境，契合其发展需求，而且将城市建筑遗产所遗留的历史文化与现代多样文化结合起来，扩大了其空间影响范围。

（9）完善空间共生环境

建筑遗产的空间环境是一个不断变化的小系统，如果想达到空间环境的动态平衡与互

利共生，可以从保留空间标志物、重构空间边界等思路出发，让每个环节都互为补充，在此基础上完善建筑遗产的空间共生环境。

（10）保留空间标志物，提高可识别性

建筑遗产独特的空间标志物是展示其形象的第一张名片，反映出城市建筑遗产背后所代表的厚重历史与文化。一方面，它可以让人们用更直观的方式了解建筑遗产；另一方面，它能从外观造型上提高建筑遗产的可识别性，达到丰富城市天际线的效果。

（11）重构空间边界，实现开放共享

空间边界是建筑遗产空间环境的围合状态，分为开放式、半开放式、封闭式三种。空间边界的开放程度会影响人们对建筑遗产空间的感知程度。因此，在建筑遗产保护与利用的过程中，为了让建筑遗产空间更好地融入城市空间，与大众共享，应将其改造为开放式或半开放式边界。前者是基于建筑遗产所承载的功能的变化，拆除其原本"刚性"的边界，将其改造为更符合现代人群需求的"共享"的边界，可用绿化带、人行道等进行边界空间的分隔处理。而后者则是针对建筑遗产中一些不适合完全开放的复杂环境，通过适当将封闭边界转换为半开放式边界的方式进行改造，多用在一些商业空间中。如将严实的土墙改造成透明的篱笆墙，这样不仅能形成一个独立的空间，也没有与周边的空间环境产生违和感。

第四节　生态视角下的建筑遗产保护与再利用

一、生态视角下建筑遗产保护与再利用的价值分析

生态这一概念最早源于古希腊，被解释为"家"或"我们的环境"。换言之，生态就是指一切生物的生存与发展状态，以及生物彼此间和生物与环境之间紧密相连的关系。"生态"一词也常被人们用来定义很多美好的事物，如和谐的、健康的事物皆可用其修饰。生态建筑就是将建筑看成一个生态系统，使物质、能源通过建筑的生态系统有规律运作，在其生命周期内减少环境污染、节能减排、低碳运行、使用环保材料，保护其生态环境，实现低消耗、零污染、高效能、人性舒适的生态环境。

最初人们对建筑的了解是以满足生产需求为前提，从而兴建一个实用、功能强的生产空间，建筑的生态性能、艺术形象地位等则处于次之。随着社会的不断发展和进步，人们对建筑遗产在现今城市发展中所延续下来的历史文脉以及生态、环境等价值更为关注，它

体现了对历史的尊重和追忆，展现了一种与城市共荣共存的可持续发展理念。

（一）历史和社会价值

建筑遗产是城市历史进程中值得被记忆的宝贵财富，记录着城市的历史和地区经济的发展，应当对其重视、保护与再利用。一个全新的事物，经历了变旧淘汰，再到被闲置、废弃，直到最后它们重获新生，才有了所谓的历史价值。保护旧建筑的空间结构、材料、风格等具有代表性的历史载体，可以为我们提供时间和空间上的立足点，帮人们留住对历史、文化、生活的点滴记忆。所以对建筑遗产进行保护与再利用，在城市发展的进程中有着重要的历史和社会价值。

（二）经济价值

对建筑遗产进行有利的保护与再利用，城市能充分利用现有基础设施，降低市政前期的开发投资，避免城区二次污染，还可以节约拆除重建所消耗的资金。

对建筑遗产进行保护与再利用相比拆除重建的方法更为省时省力，能够节省资金及劳动力的投入，且建筑遗产一般地理位置较为优越，会使投资者更快速地获取更多的经济效益。一个项目是否可行取决于它的经济价值，对于建筑遗产的保护与再利用也是如此，因其是既成建筑的开发改造，经济价值更为突出。

建筑遗产具有独特的风格特质，以节约成本为首要条件进行改造再利用，有利于提高经济效益。因此，可以借鉴成功的改造案例，从而采取有针对性的改造措施，选取适合的改造材料，这样既节约资源，有利于经济持续发展，同时也带动了周边经济的发展。与此同时，生态理念着眼于建筑遗产保护与再利用的经济价值，使建筑不再是一个孤立的"废物利用"过程，而是一种生态改造方式，有助于实现旧建筑生态恢复与经济发展的目标。

（三）生态价值

从生态视角对建筑进行保护与再利用，而不是采取拆除或重建的做法。在不过多破坏原环境的基础上，这种保护与再利用有利于防止大量建筑废弃物流入环境中造成污染，具有一定生态价值和可持续发展的意义。现今，生态这一概念在世界范围内的诸多领域都有涉及，建筑遗产在生态建设趋势的引领下进行保护与再利用，有利于生态环境的恢复和营造。运用生态改造的方式，将建筑遗产与生态节能技术结合起来，使建筑遗产在生命周期内减少环境污染、节能减排、低碳运行，成为舒适宜居的生态环境，从而体现其生态价值所在。

建筑遗产保护与再利用避免了废弃物对环境造成的污染以及资源浪费等负面问题，顺应了建筑遗产的可持续发展。所以说保护与再利用是一种可持续发展的措施，实现了空间的再利用与生态环境的恢复，具有较高的生态价值。

（四）生态技术价值

生态技术是一种既可以节约资源与能源，又能降低环境污染的一种手段。将生态技术融入建筑中，充分利用生态学、环境科学等最新科学知识，可以达到保护生态环境、提高现有能源和资源的利用率、减少污染、高效节能等目标，使建筑的再利用注入新的技术体系，从而获得最大利益。生态技术在旧建筑改造再利用的过程中主要以高效进化、开发利用可再生资源为主，通过运用技术手段给人们带来舒适与健康的生活，高效回收具有再利用价值的"废弃物"进行资源转化，将能源投入降到最低，实现资源循环再利用。将生态技术价值利益最大化，以达到保护后的建筑遗产可以低消耗、自循环、促进生态环境的营造。

二、生态视角下建筑遗产保护与再利用方式的模式分析

（一）保护与再利用的基本方式

建筑在建造时会产生二氧化碳、可吸入颗粒物等有害物质和温室气体，拆除重建必定会对环境造成新的污染破坏，从而增加温室效应带来的影响。此外，建筑在拆卸过程中通常会伴随噪声污染，干扰人们的工作、休息，并且拆除后的建筑垃圾大多无法再循环利用，特别是砖混结构的建筑，最多可做垫层次级使用，不可降解的垃圾还会成为环境的负担。曾有研究得出，与建筑相关的环境污染占环境总体污染的近三分之一，所以在提倡环境保护的今天，推行生态视角下的建筑遗产的保护与再利用是一种降低环境污染极为有效的方法。

从生态视角下对建筑遗产保护与再利用的基本方式进行研究，可以归纳出三种方式：第一，保留原有设施、建筑、景观、道路等全部元素特征，并对原先的建筑和生产设施善加利用，进行修葺与保护，减少环境有害物的排放；第二，保留建筑遗产中的部分构成元素，对具有再利用价值的建筑进行保护，移除那些无法再进行使用和改造潜力的设施、建筑等，尽量采用被动式设计方法，达到减少能耗的效果；第三，对闲置的材料、空间、设施等进行再利用，通过修缮和清洁建筑表皮，突出其原有肌理，并应用到改造中，形成"新旧并置"的再利用效果，减少人力、财力和资源的浪费，体现出资源循环再利用的生

态理念，同时赋予其新的生命。

（二）以生态恢复为主的模式

以生态恢复为主的模式是指在对建筑遗产改造过程中引入生态恢复的理念，使部分遭到污染及生态破坏的区域得到有效治理，包括空气、水体、土壤、绿化等多方面的恢复的保护与再利用模式。特别是治理工业用地时，尽量避免大拆大建，可以利用种植植被或通过人工种植等方式来增加地面的植被覆盖，并对景观进行系统的设计，有效降低土地污染，尽可能地将其转变为无害化土地。在对污染的水体以及滨水地带进行处理时，可以通过自然生态循环和人工处理措施净化水体，使其恢复原有生机。运用被动式设计方法，研究该区域原有的小气候特点，如朝向、地形地貌、遮阳、自然通风等，通过自身收集和储蓄能量，利用有利因素，与周边环境形成自循环系统，达到减少能耗的效果。并采用新型能源，如太阳能、风能、地热能等，达到节约能源的作用。

由于其重工业生产的性质，工业用地土壤污染非常严重，即使清除了污染严重的表层土壤，深层土壤的净化仍然相当困难。因此，可以通过分析其成分，利用草灰和淤泥等补充土壤肥力，培植一些细菌、微生物和植物来"吃掉"长久沉积下来的化学污染物质，逐渐清除深层土壤的污染，完善区域的生态环境。

（三）以环境营造为主的模式

以环境营造为主的模式是指利用景观设计手法，对废旧的空间进行保护，改善其生态环境，加以生态技术，营造出独特的建筑景观的保护与再利用模式。营造时尽可能保留原有建筑特色，与周边环境巧妙结合，创造一个安逸、纯净的场所。在生态环境恢复过程中，融合地景艺术，把艺术与自然有机结合起来，创建视觉艺术，从而激发建筑保护与再利用的价值，使其与环境进行循环再利用。另外，以环境营造为主的保护与再利用，不仅提升了空间的文化氛围，还增加了艺术性，形成其独特的景观。

（四）以低碳节能为主的模式

以低碳节能为主的模式是指在建筑保护与再利用中融入生态节能技术，将旧建筑改造为低消耗、自循环、促进生态环境营造的建筑，提升现有能源和资源的利用率，降低污染，高效节能，从而达到低碳节能环保为主的保护与再利用模式。也可通过可再生能源提供能量转换，将太阳能、风能、水力等转变成所需能源，有效减少能源消耗，将低碳节能的保护模式应用到建筑的改造中去。

三、建筑遗产生态保护的必要性分析

（一）生态环境的恢复

第一，采取多种治理措施保护生态环境，通过自然生态循环和人工处理的方式实现环境的恢复。利用中注重建筑废料的循环再利用，以及改造中使用再生材料，这不仅体现了资源循环利用的生态理念，还减少人力、财力和资源的浪费，改善生态环境。第二，利用自然资源，结合周边的环境，营造舒适的工作、生活空间。第三，水体的恢复和保护工作也不容忽视，水是可再生资源，将雨水和废水收集，经过净化后，形成再生水，可用作植物的浇灌水或卫生间的冲厕用水，实现水生态的良性循环。

（二）提升经济效益与节约资源

从生态视角对建筑遗产进行保护与再利用，既可以提升经济效益、资源循环利用率，又可以节约资源、持续发展，与城市生态环境更好地融合，进而体现保护的必要性。

（三）延续历史文脉

文脉所重视的是特别指定的空间界限里部分环境要素与环境整体之间的时空连续性。建筑遗产通过空间与时间的内在联系，体现历史文化、功能的意义。因此，应辨别建筑遗产与环境文脉的和谐程度，权衡该建筑遗产在环境中所形成的历史意义与重要性。城市中的历史区域和建筑遗产记录了历史的发展，二者水乳交融的结合为城市延续了特有的文化特色，也为保护历史文脉起到了不可或缺的重要作用。随着城市的不断发展和变迁，部分城市的形象特征都慢慢地变得相近，丢失了历史所赋予城市与建筑遗产的精神内涵。因此，将建筑遗产转换成一种历史文化符号，增强环境语言的传达，以此来加固人们对建筑遗产的印象，使之深入了解它们所赋予的文化特色。

四、生态视角下建筑遗产保护与再利用的基本原则

建筑遗产保护与再利用不同于普通的旧建筑改造，其改造构造繁杂、改造技术要求高，具有特色的空间造型，且改造方式多样。因建筑遗产具有复杂和多类型的特点，二者的保护和再利用的形式也截然不同。因此，应为建筑遗产的保护与研究建立相适应的生态改造原则，使其规范化，避免盲目性，实现低碳节能、生态恢复、资源再利用的目标。

（一）保护和发展相结合的原则

对于部分建筑遗产存在严重的环境污染的情况，应运用建筑中文化特质所构成的景观，加以高效节能的生态技术，进行环境的重新结合，营造舒适的工作、生活环境。尽可能保持遗留建筑的完整性，在原基础上进行修复，通过生态环境的恢复与再生进行处理。

（二）可持续性原则

保护与再利用实际上是在建筑原有基础上进行修复、翻新、持续利用的一个过程。其本质用意是，对建筑遗产改造时尽可能保持其原有的完整性，防止大拆大建带来的环境破坏。建筑遗产保护与再利用的可持续性主要体现在建筑遗产中所承载的价值方面，将其价值能量转换，并发挥可持续的作用，从而降低建筑遗产再利用时所耗损的成本，降低能源消耗和减少对周边环境造成的污染。可持续发展是目前国内外共同关注的热点问题，建筑遗产的保护与再利用也是为实现地区经济发展的可持续性而逐渐发展起来的。

参考文献

［1］马旭东，刘慧，尹永新. 国土空间规划与利用研究［M］. 长春：吉林科学技术出版社，2022.

［2］杨东援，李玮峰，段征宇. 交通大数据系列：国土空间规划背景下的交通大数据分析技术［M］. 上海：同济大学出版社，2022.

［3］文超祥，何流. 国土空间规划教材系列：国土空间规划实施管理［M］. 南京：东南大学出版社，2022.

［4］古杰，曾志伟. 国土空间规划简明教程［M］. 北京：中国社会出版社，2022.

［5］孔德静，刘建明，董全力. 城乡规划管理与国土空间测绘利用［M］. 西安：西安地图出版社，2022.

［6］华晨，王纪武，李咏华. 国土空间整治［M］. 杭州：浙江大学出版社，2022.

［7］王璐瑶. 国土空间功能双评价及分区优化研究［M］. 北京：中国经济出版社，2022.

［8］苏晓明. 建筑与城市光环境［M］. 北京：中国建筑工业出版社，2022.

［9］孙洪涛，王思维，张伶伶. 城市建筑复合界面空间设计［M］. 沈阳：东北大学出版社，2022.

［10］高强. 伟大的城市：30 天看懂 5000 年中国城市史［M］. 北京：机械工业出版社，2022.

［11］万书元. 空间建筑与城市美学［M］. 南京：东南大学出版社，2022.

［12］黄焕春，贾琦. 国土空间规划 GIS 技术应用教程［M］. 南京：南京东南大学出版社，2021.

［13］吴次芳. 国土空间设计［M］. 北京：地质出版社，2021.

［14］赵映慧，齐艳红，姜博. 国土空间规划导论（试行版）［M］. 北京：气象出版社，2021.

［15］于少康. 国土空间"双评价"的理论、方法与实践［M］. 南昌：江西科学技术出版社，2021.

［16］邓祥征. 国土空间优化利用理论方法与实践［M］. 北京：科学出版社，2021.

［17］唐斌. 建筑城市［M］. 南京：东南大学出版社，2020.

［18］徐可西. 城市更新背景下的建筑拆除决策机制研究［M］. 北京：中国经济出版社，
2020.

［19］张泽江，刘微. 城市交通隧道火灾蔓延控制绿色建筑消防安全技术［M］. 成都：西
南交通大学出版社，2020.

［20］刘京，郑朝荣，孙晓颖. 寒地城市建筑风效应研究与应用［M］. 哈尔滨：哈尔滨工
业大学出版社，2019.

［21］李清. 城市地下空间规划与建筑设计［M］. 北京：中国建筑工业出版社，2019.

［22］李霞. 城市生态建设与景观建筑设计［M］. 长春：吉林美术出版社，2019.

［23］翟国方，顾福妹. 国土空间规划国际比较体系·指标［M］. 北京：中国建筑工业出
版社，2018.

［24］张丽君，李晓波. 基于生态安全的国土空间开发格局优化研究［M］. 北京：地质出
版社，2018.

［25］陈从喜，马永欢，郭文华. 生态国土建设研究与实践［M］. 北京：地质出版社，
2018.

［26］马婉，陆旻绘. 城市建筑大发现［M］. 上海：中国中福会出版社，2018.

［27］杜健，吕律谱. 建筑·城市规划草图大师之路［M］. 武汉：华中科技大学出版社，
2018.

［28］胡德明，陈红英. 生态文明理念下绿色建筑和立体城市的构想［M］. 杭州：浙江大
学出版社，2018.

［29］高兴. 城市建筑节能改造技术与典型案例［M］. 北京：中国建筑工业出版社，2018.

［30］周宏轩，孙婧. 城市建筑物对环境的热影响［M］. 北京：中国建筑工业出版社，
2018.